软考名师论文特训丛书

软考论文高分特训与范文 10 篇——系统分析师（第二版）

主 编 薛大龙 邹月平 施 游

中国水利水电出版社
www.waterpub.com.cn
·北京·

内 容 提 要

本书基于 2024 年系统分析师第二版考纲，是系统分析师考试的论文试题专项集训用书。

本书围绕考生在备考论文过程中的重点与难点，结合作者多年的系统分析师课程培训经验，基于对历年论文题目及考点的系统分析及准确把握，把论文写作的基础、写作要求与策略、论文评判标准、优秀论文点评、完整论文范文等有机地组织起来，以期能够从降低论文写作难度和提高论文写作技巧两个维度齐头并进，快速提高考生的论文写作水平，提高论文考试的通过率。

本书适合系统分析师的备考考生阅读，也适合相关培训班作为系统分析师论文专项培训教材使用，希望本书能给相关师生带来切实的帮助。

图书在版编目（CIP）数据

软考论文高分特训与范文10篇. 系统分析师 / 薛大龙，邹月平，施游主编. -- 2版. -- 北京 : 中国水利水电出版社, 2025. 4. -- ISBN 978-7-5226-3356-5

Ⅰ. TP3

中国国家版本馆 CIP 数据核字第 20257J4M55 号

责任编辑：周春元　　　加工编辑：刘铭茗　　　封面设计：李 佳

书　名	软考名师论文特训丛书 软考论文高分特训与范文 10 篇——系统分析师（第二版） RUANKAO LUNWEN GAOFEN TEXUN YU FANWEN 10 PIAN——XITONG FENXISHI
作　者	主　编　薛大龙　邹月平　施　游
出版发行	中国水利水电出版社 （北京市海淀区玉渊潭南路 1 号 D 座　100038） 网址：www.waterpub.com.cn E-mail：mchannel@263.net（答疑） 　　　　sales@mwr.gov.cn 电话：（010）68545888（营销中心）、82562819（组稿）
经　售	北京科水图书销售有限公司 电话：（010）68545874、63202643 全国各地新华书店和相关出版物销售网点
排　版	北京万水电子信息有限公司
印　刷	三河市鑫金马印装有限公司
规　格	184mm×240mm　16 开本　7.5 印张　180 千字
版　次	2023 年 8 月第 1 版　2023 年 8 月第 1 次印刷 2025 年 4 月第 2 版　2025 年 4 月第 1 次印刷
印　数	0001—3000 册
定　价	48.00 元

凡购买我社图书，如有缺页、倒页、脱页的，本社营销中心负责调换

版权所有·侵权必究

编 委 会

主　任：薛大龙

副主任：邹月平　胡晓萍　姜美荣

委　员：朱小平　雷红艳　王开景　刘开向

　　　　王跃利　杨　进　胡　强　朱　宇

　　　　严洪翔　唐　徽　张　珂　施　游

　　　　郑　波　上官绪阳

前　　言

系统分析师考试（简称"系分"）属于全国计算机技术与软件专业技术资格考试（简称"软考"）中的高级层次考试之一。通过该考试获得证书的人员，已具备从事相应专业岗位工作的水平和能力，用人单位可根据工作需要从获得证书的人员中择优聘任为高级工程师。由于系统分析师考试涉及的知识范围广、考查难度系数高，所以通过率不到 10%。事实上许多有实际工作经验的考生，也对论文考试一筹莫展，无从下手。

本书依据 2024 年的第 2 版系统分析师考试大纲，结合历年论文试题进行扩展分析，目的就是帮助考生降低写作难度，找到写作方法。

本书共分为 5 章。第 1 章介绍了论文的训练方法与写作格式。第 2 章给出了最近几年系分论文题目的通用写作框架。通过写作框架可以帮助没有太多写作经验的考生编写论文摘要、正文项目背景，以响应论文题目要求，对论文进行总结与妥善收尾等。第 3 章给出了几篇优秀论文，并对论文的摘要及正文的每一段落进行对应点评。第 4 章给出了 16 篇范文，涵盖了系分论文考试中常考的大方向。这些范文素材的作者均已通过了系统分析师考试，并且我们已经征得他们的同意，可以公开自己的平时练习作业。第 5 章给出了阅卷办法与评分要点。

本书由薛大龙、邹月平、施游主编，他们均为资深软考培训老师，具有丰富的软考培训与命题研究经验。书中优秀论文由邹月平、张珂、严洪翔等提供。全书由施游统稿，薛大龙审核。

本书给出了参考框架、优秀论文点评，各大方向的范文，但想要通过论文考试，还是要多"写"。针对历年真题多练习、多写几个方向，然后进行反复修改，才能真正提高论文考试通过的可能性。积跬步以至千里，积小流以成江海，只要努力，我们就一定能够把取得证书的目标变为美好现实，使自己成为践行中国梦的信息化高级人才。

衷心感谢中国水利水电出版社周春元编辑，他的真诚约稿是我们编写此书的动力，感谢我们的优秀学员提供范文素材，感谢我们的学员和读者针对范文的不断反馈与指正。

由于编者水平有限，书中疏漏之处在所难免，敬请各位考生、各位培训师批评指正，不吝赐教。读者可关注薛大龙博士抖音，了解最新考试咨讯。

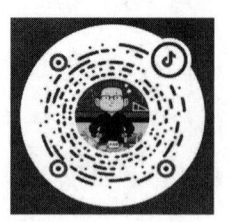

编　者

2025 年 1 月

目 录

前言

第1章 论文概述及考情分析 ... 1
- 1.1 论文的训练方法 ... 1
- 1.2 论文的写作格式 ... 1
- 1.3 建议的论文写作步骤与方法 ... 2
- 1.4 论文考情分析 ... 3

第2章 论文写作框架 ... 5
- 2.1 框架1：论软件系统需求获取技术及应用 ... 5
- 2.2 框架2：论需求分析方法及应用 ... 8
- 2.3 框架3：论面向对象设计方法及其应用 ... 11
- 2.4 框架4：论面向对象的信息系统分析方法 ... 14
- 2.5 框架5：论项目风险管理及其应用 ... 16
- 2.6 框架6：论信息系统开发方法及应用 ... 18
- 2.7 框架7：论信息系统开发方法论 ... 22
- 2.8 框架8：论原型法及其在信息系统开发中的应用 ... 24
- 2.9 框架9：论软件系统测试及其应用 ... 26
- 2.10 框架10：论静态测试方法及其应用 ... 28
- 2.11 框架11：论软件设计模式及其应用 ... 31
- 2.12 框架12：论数据灾备技术与应用 ... 34

第3章 真实范文点评 ... 36
- 3.1 论面向对象设计方法及其应用 ... 36
- 3.2 论原型法及其在信息系统开发中的应用 ... 40
- 3.3 论数据库集群技术及应用 ... 43

第4章 高分范文欣赏 ... 48
- 4.1 论面向对象设计方法及其应用 ... 48
- 4.2 论敏捷软件开发方法及其应用 ... 50
- 4.3 论企业数据治理 ... 53
- 4.4 论系统需求分析方法及应用 ... 56
- 4.5 论软件需求验证方法及其应用 ... 58
- 4.6 论微服务开发方法 ... 61

4.7 论系统开发方法与建模 ··· 65
4.8 论快速应用开发方法及应用 ·· 68
4.9 论信息系统开发方法及应用 ·· 71
4.10 论软件的系统测试及应用 ·· 73
4.11 论系统测试技术及应用 ··· 75
4.12 论信息系统的安全与保密设计 ·· 78
4.13 论网络系统的安全设计 ··· 80
4.14 论原型法及其在信息系统开发中的应用 ··· 83
4.15 论面向服务方法在信息系统开发中的应用 ·· 85
4.16 论大数据架构的应用 ·· 88

第5章 阅卷办法 ··· 90
5.1 评分要点 ·· 90
5.2 不及格卷判定标准 ··· 91
结尾提醒:"写"比"看"更重要 ·· 92

附录 近年系统分析师论文真题 ··· 93
2012 年 ··· 93
2013 年 ··· 94
2014 年 ··· 96
2015 年 ··· 97
2016 年 ··· 99
2017 年 ··· 101
2018 年 ··· 102
2019 年 ··· 103
2020 年 ··· 105
2021 年 ··· 107
2022 年 ··· 108
2023 年 ··· 109
2024 年 5 月 ·· 110
2024 年 11 月 ·· 111

参考文献 ·· 113

第1章 论文概述及考情分析

1.1 论文的训练方法

系统分析师的论文考试对于广大考生来说，是一件比较头痛的事情。有不少考生往往是前两科都通过了，却因为论文没过而没有拿到系统分析师的证书。首先从根源上讲，国内的各类工程师对文档的重视度不够，许多人没有机会（也可能是时间不允许等原因）在考前锻炼写作能力；再者由于缺少相应的文档编写实战训练，考生很难培养出清晰、多角度思考的习惯，所以，在2个小时的时间里写出一篇合格的论文并不容易。因此，考前准备是绝对必要的。

首先要"多看"，即看范文。看他人的软件开发经验、成熟软件开发技术介绍材料，看现成的可行性分析、需求分析、用户说明书等文档，自己没有经验就多看他人的；自己有软件开发项目经验、软件设计经验、系统部署与系统集成经验，也要看他人的范文来整理自己的写作思路。

其次要"多写"，"讲千万句不如动手写一千字"。一定要在考前动手写几篇论文，根据编者历年辅导考生的情况来看，至少要写6篇，当然也不要贪多。简单的方法就是找6篇历年论文题目（最好是每年的第一题）逐一练习。还要练习写作时的打字速度，在机考考试中2个小时要敲将近3000字，不练习打字速度，考试时写出的文章极可能不饱满。

最后要"请老师批阅"。需要注意的是，这里的论文毕竟不是学术论文，而是信息系统分析与设计的经验论文，更偏向于工作汇报，因此最好请辅导老师来批阅。批阅后再反复修改，直到每一篇都合格为止。

1.2 论文的写作格式

自2023年11月开始，软考实施计算机化考试。根据考试的最新要求，摘要部分建议写300～330字。只需写中文摘要，不需写英文摘要，不需要写关键词，且不允许有图表。

正文部分建议为 2200 字左右，文中可以分条描述，但不能全篇分条描述。正文不允许有图表。

注：2022 年的系统分析师论文供选择的题目只有两个而不是四个。

1.3 建议的论文写作步骤与方法

对写作步骤没有具体的规定，如胸有成竹就可以直接书写。不过，大多数情况下建议按以下步骤展开：

（1）从给出的论文题目中选择试题（5 分钟），选最有把握的题目，记得勾选题号。

（2）论文构思，写出纲要（10 分钟）。

（3）写摘要（15 分钟）。

（4）正文撰写（80 分钟）。

（5）检查修正（10 分钟）。

通过对考试的研究，我们在论文教学过程中安排了专题去讲解论文写作的方法。一般来说，当听完老师论文写作的方法及对典型论文进行分析后，考生普遍觉得论文很好写，但实际往往是"知易行难"，你知道了怎么写并不意味着你会写。因此，我们提炼出了论文写作的几种方法。

1.3.1 通过讲故事来提炼素材

有一次，我们在教学的过程中反向行之，既先不讲解论文写作，也不需要考生了解论文写作的方法，而是与他们探讨系统集成、软件设计、软件开发等项目具体如何做，探讨软件开发与设计的细节问题。采用的形式是学生陈述项目，老师插入自己的提问，学生作答。

当然这种提问是有意设计的，目的是让考生自己回答出"论文写作的要点"。这种方法极其有效，当第一轮问答结束后，考生实际上就已经回答出了论文的背景、关键控制点、主要经验等关键写作要素。

在这个阶段，考生务必不要想论文如何写，仅仅从讲故事角度思考，如何呈现一个精彩的故事即可，完成此阶段的构思则大局既定。后续的精化阶段、成文阶段只是提炼和展现工作而已。

1.3.2 框架写作法

框架写作法的核心就是提供一个论文框架，让考生"照葫芦画瓢"。而框架写作法的核心实际上是根据阅读者的心理总结出来的，假设阅读者在阅读论文的时候，在时间有限的情况下会关注哪些重点。

我们试图用框架写作法降低写作难度，通过框架告诉考生摘要、背景介绍、论点论据、收尾分别应该怎么写。在后面的章节中，我们列出了至少十个框架供考生参考与练习。

1.4 论文考情分析

根据最新考试大纲的规定，系统分析师的论文考试考查主要内容如下：

（1）信息系统开发及应用。包括系统计划和分析、需求工程、系统测试、系统维护、项目管理、质量保证、面向对象技术、计算机辅助软件工程、软件过程改进实践、实时系统的开发、应用系统分析与设计、软件产品线分析与设计等知识。

（2）数据库建模及应用。包括数据管理、数据库分析、数据库建模、数据库管理、数据库应用、数据仓库、数据挖掘等知识。

（3）网络规划及应用。包括网络规划、网络优化、网络配置、网络部署、网络实施等知识。

（4）系统安全性分析。包括网络安全、数据安全、系统安全等知识。

（5）应用系统集成。包括数据集成与共享、应用集成、服务集成等知识。

（6）企业信息系统。包括电子商务和电子政务、事务处理系统、决策支持系统等知识。

（7）企业信息化的组织及实施。

（8）开源软件及应用。

（9）新技术及其应用。

历年系统分析师考试的论文题目见表1.4.1。

表 1.4.1　历年系统分析师考试的论文题目

年份	试题一	试题二	试题三	试题四
2012	论软件需求管理及其应用	论敏捷开发在企业软件开发中的应用	论信息化建设中的企业知识管理	论大数据处理技术及其应用
2013	论面向对象建模方法的应用	论软件企业的软件过程改进	论企业业务流程优化	论信息系统的可靠性分析与设计
2014	论信息系统开发方法及应用	论业务流程建模方法及应用	数据库集群技术及应用	企业信息集成技术及应用
2015	论项目风险管理及其应用	论软件系统测试及其应用	论软件系统的容灾与恢复	论非关系型数据库技术及应用
2016	论软件需求验证方法及其应用	论软件的系统测试及其应用	论软件开发模型及应用	论信息系统规划及实践
2017	论需求分析方法及应用	论企业应用集成	论数据流图在系统分析与设计中的应用	论软件的系统测试及其应用
2018	论信息系统开发方法论	论软件构件管理及其应用	论软件系统需求获取技术及应用	论数据挖掘方法及应用
2019	论系统需求分析方法	论系统自动化测试及其应用	论处理流程设计方法及应用	论企业智能运维技术与方法

续表

年份	试题一	试题二	试题三	试题四
2020	论面向服务的信息系统开发方法及其应用	论快速应用开发方法及其应用	论软件设计模式及应用	论遗留系统演化策略及其应用
2021	论面向对象的信息系统分析方法	论静态测试方法及其应用	论富互联网应用的客户端开发技术	论DevSecOps技术及其应用
2022	论原型法及其在信息系统开发中的应用	论面向对象设计方法及其应用	无	无
2023	论信息系统可行性分析	论DevOps及其应用	论敏捷开发方法	论信息系统数据转换和迁移
2024.5	论云原生应用开发	论信息系统性能测试方法及其应用	多源数据集成方法应用	基于架构的软件设计方法
2024.11	论DevOps在企业信息系统开发中的应用	论系统业务流程分析方法及应用	论软件测试方法及应用	论信息系统运维管理

第 2 章 论文写作框架

本章以历年考题为例,分析如何建立更为具体的论文写作框架。有了写作框架,论文写作的难度会降低不少。当然写作框架也只是一种写作的建议,是帮助初学者打开写作思路的工具,而不是必须要遵循的模式;如果考生有更好的写作方式,也可以按自己的思路进行叙述。我们在多次实际培训中发现,一旦考生掌握了写作方法,有了自己的写作思路,大多数人不会完全依据格式化的框架来编写文章。

2.1 框架 1:论软件系统需求获取技术及应用

需求获取(Requirement Discovery,RD)是一个确定和理解不同类用户的需要和约束的过程。需求获取是否科学、充分对所获取的结果影响很大,直接决定了系统开发的目标和质量。由于大部分用户无法完整地描述需求,也不可能看到系统的全貌,所以在需求获取中,系统分析师需要与用户进行有效沟通和合作才能成功。系统分析师根据要获取的信息内容和信息来源采用不同的需求获取技术,并且熟练地在实践中运用它,进而获得用于描述系统活动的特定软件需求,构建系统开发目标和质量要求。

请围绕"软件系统需求获取技术及应用"论题,依次从以下三个方面进行论述。
1. 简要叙述你参与的软件开发项目以及你所承担的主要工作。
2. 详细说明目前主要有哪些需求获取技术,不同需求获取技术各自有哪些特点。
3. 根据你所参与的项目,具体阐述如何根据需求内容采用不同的需求获取技术获取系统需求。

针对上述题目,我们给出参考的写作框架如下。
(1)摘要(300~330 字)。

> ___年___月（**注意写近三年的项目**），我参加了_____软件系统开发项目的规划、设计及开发，并担任_____（自己的工作角色），主要完成_____、_____等工作。该项目的背景是____，该项目的目标是____，该项目的特点是____、_____、_____。
>
> （约100字）

> 在_____软件系统开发项目中，有_____、_____、_____等几种需求获取技术。每种技术都有各自的优缺点及应用领域。其中_____、_____等是最基本的需求获取技术，在实际开发中常常用到；而_____、_____等需求获取技术则需要相互结合使用效果更好。在实际的项目分析和开发中，我将项目分为_____、_____、_____等共_____个子项目。我运用了_____、_____、_____等需求获取技术，分别取得了_____、_____、_____等效果。
> ……
>
> （约150字）

> 项目完成得十分顺利，基本达到了预期的（成本、周期管理、质量等）目标，并得到了客户、我方领导的正面肯定。但我们仍然认为项目有一定的改进空间。由于_____、_____等原因，客户的_____、_____等需求没有得到很好的满足。在项目（后期/运维/二期）中，可以考虑通过_____手段来解决。另外，我认为现有的_____做法有待改进，在未来的项目实施中，我们打算进行_____改进。
>
> （约80字）

（2）正文（2200~2500字）。

1）背景介绍（500字左右）。

> 1．软件系统开发项目的基本信息（大环境、项目内容、金额、干系人、工期等）。
> 2．软件系统开发项目的构成（简述相关软件系统项目各子项目的特点、特性、功能）。
> 3．软件系统开发项目的团队组成（人员组成、个人角色）。
>
> 注：该部分应该比摘要的第一段更详细；**注意写近三年的项目**。

2）论点论据（1500字左右）。

> *可以选择以下2~3类主要的需求获取技术，进行详细的特点阐述。*
> 主流的需求获取技术如下。
> 1．用户访谈
> 用户访谈是通过1对1、1对2等形式与用户面对面的沟通，是**最基本的需求获取手段**。**访谈的步骤为准备访谈、主持访谈、后续总结及完善**。
> 用户访谈具有灵活性较大、适用范围较广的特点。但也有其他一些问题，如用户忙，很难抽出大量时间专门用于访谈；面谈信息量大，记录容易出现信息遗漏等。需要系统分析师具备丰富的领域知识、开发经验，还要有较强的沟通能力，能恰当地处理敏感和机密的话题。

用户访谈的形式可以分为结构化和非结构化两种。两种方式结合进行，访谈会更加高效。

（1）结构化方式：事先准备好系列问题，进行针对性的访谈。这种方式适合对确定性需求进行讨论和分析。

（2）非结构化方式：提出粗略的构想，在访谈现场进行具体的完善。这种方式更容易获得不确定性的需求。

2. 问卷调查

问卷调查：当需要调研的用户较多、分布较散，无法逐一访谈时，可以通过下发前期精心设计的调查表给用户来收集信息。

设计问卷调查表的步骤有确定调查主题，确定调查方法和调查对象，确定每个问题的内容、措辞和结构，确定问答题的顺序，确定问卷的格式和排版，测试问卷和修订问卷，确定和制作问卷。

问卷调查可以在短时间内、廉价地收集用户需求；由于可以匿名方式进行，用户更愿意填写真实信息；问卷调查的结果比较好整理和统计。问卷调查的最大不足是缺乏灵活性，可以将其和用户访谈结合起来从而获取需求。

3. 采样

采样是指从种群（系统的文档）中系统地选出有代表性的样本集，并获取有用信息的过程。当系统分析师对系统进行需求分析时，查看已有的系统文档，可以较好、较全面地了解需求。当文档过于庞大时，可使用采样的手段选出有用数据。采样的具体技术可以分为简单随机采样、分层采样、聚类采样、系统采样等。

采样的优点是采用数据统计原理，可以减少数据收集的偏差。除了采集文档，还有采集访谈用户和采集观察者，对人采样不用全部采样而是抽样方式，减少成本和提高准确率。采样的缺点是采样人员应具备统计学知识和相关经验，对人员的要求相对较高。

4. 情节串联板

情节串联板是指系统分析师通过借助一系列图片（流程图、报表、交互图等），用这些图片来讲故事，叙述需求。情节串联板的优点是用户友好、交互性强，可以更有效和准确地沟通。缺点是制作图片代价较高，获取需求效率较低。

5. 联合需求计划

联合需求计划是一个通过高度组织（包含部门经理、会议主持人、用户、协调人员、IT人员、秘书等）的群体会议来分析企业内的问题并获取需求的过程。

联合需求计划的优势是采用了高度组织的群体会议，可以让各方均参与进来。能有效解决最有分歧、定义最不清晰的需求。更多的系统分析师倾向于使用小组工作会议来代替大量独立的访谈。联合需求计划的缺点是成本较高，要求会议组织者有一定的组织和控场能力，又要保证气氛开发，否则难以获取有效的需求。

6. 现场观摩

现场观摩方法是通过观察客户现场，倾听客户讲解，直观获取客户需求。这种方式可以获取较为复杂的流程和操作过程。缺点是系统分析师需要具备一定的经验，不能获取大量的需求。

在_____软件系统开发项目中本人采用了_____、_____、_____等需求获取技术。

（1）_____需求获取技术的实施过程为……，该技术的实施取得了_____、_____、_____等效果。

（2）_____需求获取技术的实施过程为……，该技术的实施取得了_____、_____、_____等效果。

……

3）收尾（200字左右）。

通过全面细致的设计，整个软件系统开发项目取得了_____正面的效果，把握并满足了用户的_____、_____、_____等方面的核心要求，得到了用户_____、_____部门的好评。

但是，我们仍然不满足于现状，发现了很多的不足，具体如下：
1．阐述不足。
2．未来新项目中计划解决的思路。

2.2 框架2：论需求分析方法及应用

需求分析是提炼、分析和仔细审查已经获取到的需求的过程。需求分析的目的是确保所有的项目干系人（利益相关者）都理解需求的含义并找出其中的错误、遗漏或其他不足的地方。需求分析的关键在于对问题域的研究与理解。为了便于理解问题域，现代软件工程所推荐的需求分析方法是对问题域进行抽象，将其分解为若干个基本元素，然后对元素之间的关系进行建模。常见的需求分析方法包括面向对象的分析方法、面向问题域的分析方法、结构化分析方法等。而无论采用何种方法，需求分析的主要工作内容都基本相同。

请围绕"需求分析方法及应用"论题，依次从以下三个方面进行论述。
1．简要叙述你参与管理和开发的软件系统开发项目以及你在其中所承担的主要工作。
2．概要论述需求分析工作过程所包含的主要工作内容。
3．结合你具体参与管理和开发的实际项目，说明采用了何种需求分析方法，并举例详细描述具体的需求分析过程。

针对上述题目，我们给出参考的写作框架如下。

（1）摘要（300～330字）。

___年___月（注意写近三年的项目），我参加了_____软件系统开发项目的规划、设计及开发，并担任_____（自己的工作角色），主要完成_____、_____等工作。该项目的背景是____，该项目的目标是____，该项目的特点是____、____、____。

（约100字）

在_____软件系统开发项目中，有_____、_____、_____等几种需求分析方法。每种需求分析方法都有各自的优缺点及应用领域。本文概述了_____、_____、_____等方法所包含的主要工作内容。在实际的项目分析和开发中，我运用了_____、_____、_____等需求分析方法，具体的需求分析过程大致是_____、_____、_____等，分别取得了_____、_____、_____等效果。
……

（约150字）

项目完成得十分顺利，基本达到预期的（成本、周期、质量管理等）目标，并得到客户、我方领导的正面肯定。但我们仍然认为项目有一定的改进空间。由于_____、_____等原因，客户的_____、_____等需求没有得到很好地满足。在项目（后期/运维/二期）中，可以考虑通过_____手段来解决。另外，我认为现有的_____做法有待改进，在未来的项目实施中，我们打算进行_____改进。

（约80字）

（2）正文（2200~2500字）。

1）背景介绍（500字左右）。

1. 软件系统开发项目的基本信息（大环境、项目内容、金额、干系人、工期等）。
2. 软件系统开发项目的构成（简述相关软件系统项目各子项目的特点、特性、功能）。
3. 软件系统开发项目的团队组成（人员组成、个人角色）。

注：该部分应该比摘要的第一段更详细；**注意写近三年的项目**。

2）论点论据（1500字左右）。

需求分析是指创建或者改进系统时，确定新系统的目的、范围、功能时所要做的所有工作。实际上，需求分析就是依据用户提出的需求，挖掘用户真实的想法，并转化成产品的过程。
可以选择以下2~3类主要的需求分析技术，并简要论述其工作内容。
主流的需求分析技术有：

1. **功能分析法（功能分解法）**

功能分析法是以系统提供的功能为中心来组织系统，该方法把系统看成多功能模块的组合。该方法首先定义各种功能，然后将功能分解为多个子功能及接口。子功能还可以继续分解，直到各子功能更简单、更容易实现。该方法的基本策略是基于系统分析师的经验，确定新系统所期望的处理步骤或子步骤，然后，将系统对应到功能和子功能上。

2. **数据流分析法（结构化分析法）**

数据流分析法是研究系统数据如何流动以及在各节点如何处理，从而发现数据流和加工。系统由数据流图进行表示，使用数据字典对数据流和加工进行详细说明。数据流图由数据流、加工以及文件、节点等构成。

该方法可以动态跟踪数据流动，分析各环节上的数据处理和加工。

3. 信息建模分析法

大型、复杂软件很难直接进行分析和设计，此时，系统分析师可采用建立模型的方法进行分析和设计。

信息建模分析法的核心是实体和关系，主要工具是 E-R 图，基本要素是实体、属性、联系。该方法的基本策略是找出现实世界的对象，然后用属性来描述对象，确定对象与对象之间的关系，定义父类与子类并提炼属性的共性，用关联对象关系作细化的描述，最后进行规范化处理。

模型可以细分为功能模型、信息模型、数据模型、控制模型和决策模型。

4. 面向对象分析法

面向对象分析法从系统的组成来进行分解，对问题进行自然分割，利用类和对象作为基本构造单元，以接近人类思维的方式建立问题域模型，使设计出的软件尽可能直接描述现实世界，构造出组件化的、可重用的、可维护性好的软件，并能控制软件的复杂性和降低开发维护的费用。

面向对象分析法加强了对问题域的理解，分析对象间的关系，改进了干系人间的交流，增强了需求变化的适应能力，支持复用。面向对象分析法的主要步骤有确定对象和类，确定结构，确定主题，确定属性，确定方法。

面向对象分析法需要构建对象模型、动态模型和功能模型。需要考虑继承、封装、类与对象构建，消息通信等。

5. PDOA 法

与结构化分析法和面向对象分析法相比，PDOA 法更强调描述，较少强调建模。它的描述大致分为以下两个部分：

（1）关注问题域。需求分析工作中，产生一个描述问题域的文档，并列出需求列表。

（2）关注解系统（即系统实现）的特定行为。用一个文档描述系统的特定行为。该文档应在需求定义阶段完成。

PDOA 的工作过程如下：

（1）收集基本的信息并开发问题框架，以建立问题域的类型。

（2）在问题框架类型的指导下，进一步收集详细信息，并给出一个问题域相关特性的描述。

（3）基于以上两点，收集并用文档说明新系统的需求。

在_____软件系统开发项目中本人采用了_____、_____、_____等需求分析方法。

（1）_____需求分析方法的实施过程为_____、_____、_____，具体实际应用效果有_____、_____。

（2）_____需求分析方法的实施过程为_____、_____、_____，具体实际应用效果有_____、_____。

……

3）收尾（200 字左右）。

> 通过全面细致的设计，整个软件系统开发项目取得了_____正面的效果，把握并满足了用户的_____、_____、_____等方面的核心要求，得到了用户_____、_____部门的好评。
> 但是，我们仍然不满足于现状，发现了很多的不足，具体如下：
> 1．阐述不足。
> 2．未来新项目中计划解决的思路。

2.3　框架 3：论面向对象设计方法及其应用

　　系统设计是根据系统分析的结果，运用系统科学的思想和方法，设计出能满足用户所要求的目标（或目的）系统的过程。面向对象设计方法是一种接近现实世界的系统设计方法。在该方法中，数据结构和在数据结构上定义的操作算法封装在一个对象之中。

　　请围绕"面向对象设计方法及其应用"论题，依次从以下三个方面进行论述。
1．概要叙述你参与管理和开发的软件项目以及你在其中所承担的主要工作。
2．面向对象设计方法包含多种设计原则，请简要描述其中的三种设计原则。
3．具体阐述你参与管理和开发的项目是如何遵循这三种设计原则进行信息系统设计的。

针对上述题目，我们给出参考的写作框架如下。

（1）摘要（300~330 字）。

> ___年___月（**注意写近三年的项目**），我参加了_____软件系统开发项目的规划、设计及开发，并担任_____（自己的工作角色），主要完成_____、_____等工作。该项目的背景是____，该项目的目标是____，该项目的特点是____、____、____。
> 　　*（约 100 字）*
>
> 　　面向对象设计方法包含多种设计原则，本文概述了_____、_____、_____三种原则的特点。在实际的项目分析和开发中，我重点运用和落实了_____、_____、_____三种原则，具体的实施方法和过程大致是_____、_____、_____等，分别取得了_____、_____、_____等效果。
> ……
> 　　*（约 150 字）*
>
> 　　项目完成得十分顺利，基本达到了预期的（成本、周期、质量管理等）目标，并得到了客户、我方领导的正面肯定。但我们仍然认为项目有一定的改进空间。由于_____、_____等原因，项目的_____、_____等问题没有得到很好的解决。在项目（后期/运维/二期）中，可以考虑通过_____手段来解决。另外，我认为现有的_____做法有待改进，在未来的项目实施中，我们打算进行_____改进。
> 　　*（约 80 字）*

（2）正文（2200～2500 字）。

1）背景介绍（500 字左右）。

> 1. 软件系统开发项目的基本信息（大环境、项目内容、金额、干系人、工期等）。
> 2. 软件系统开发项目的构成（简述相关软件系统项目各子项目的特点、特性、功能）。
> 3. 软件系统开发项目的团队组成（人员组成、个人角色）。
>
> 注：该部分应该比摘要的第一段更详细；**注意写近三年的项目**。

2）论点论据（1500 字左右）。

> *选择以下 3 类面向对象设计原则进行简要阐述。*
>
> 1. 开放封闭原则
>
> 该原则是判断面向对象设计是否正确的最基本的原理之一。软件实体（类、方法等）应当在不修改原有代码的基础上，能扩展其功能。即符合下列两个特点：
>
> （1）扩展开放：模块的功能是可以扩展的。扩展开放特性保证了软件的可扩展性。
>
> （2）修改封闭：模块被其他模块调用，则该模块的源代码不允许修改。修改封闭特性保证了软件的稳定性、持续性。
>
> 2. 里氏替换原则
>
> 里氏替换原则是使代码符合开闭原则的一个重要保证。继承必须确保父类所拥有的性质在子类中仍然成立。该原则中，子类可以扩展父类的功能，但不能改变父类原有的功能；子类可以实现父类的抽象方法，但不能覆盖父类的非抽象方法。
>
> 面向对象设计满足以下两个条件，可以被认为是满足了里氏替换原则。
>
> （1）代码中不应该出现 if/else 之类对子类进行判断的条件。
>
> （2）把代码中使用父类的地方用它的子类所代替，代码还能正常工作。
>
> 里氏替换原则约束继承泛滥，是开闭原则的一种体现；并加强了程序的健壮性、维护性、扩展性；降低了需求变更时引入的风险。
>
> 3. 迪米特原则（最少知识原则）
>
> 一个对象应该对其他对象有最少的了解。狭义的理解，如果两个类不必直接通信，那类就不应当直接相互作用。如果其中一个类需要调用另一个类的某个方法，可通过第三者转发该调用。
>
> 该原则强调了类之间的松耦合，简单地说就是"不要跟陌生人说话，只和直接朋友通信"。迪米特原则的初衷在于降低类之间的耦合，提高了系统功能模块的独立性。但给系统增加了大量传递类之间相互调用的中介类，增加了系统的复杂性。
>
> 4. 单一职责原则
>
> 一个类如果拥有过多功能，那么耦合度就会大大增加，导致设计更加脆弱。如果此时，改变该类的某一功能，很可能影响其他功能正常使用。软件设计中，就是要发现类的更多职责，

并分离这些职责。该原则的核心含义是：只能让一个类（接口/方法）有且仅有一个职责。

该原则不只是面向对象编程思想所特有的，只要是模块化的程序设计，都需要遵循这一重要原则。

5. 接口分离原则

客户不应该依赖于它不需要的接口，即依赖于抽象，不要依赖于具体，同时在抽象级别不应该有对于细节的依赖。简单地说就是不强迫用户去依赖那些他们不使用的接口。即使用多个专门的接口比使用单一的总接口要好。该原则可以细分为以下两点。

（1）接口设计原则：应该遵循最小接口原则，不把用户不使用的方法塞进同一个接口里。如果一个接口的方法没有被使用到，则应该将其分割成多个功能专一的接口。

（2）接口的依赖（继承）原则：如果接口 A 继承接口 B，则接口 A 继承了接口 B 的方法，A 应该保证"不包含用户不使用的方法"。反之，则说明接口 A 被 B 给污染了，应该重新设计它们。

适度运用该原则，接口设计得过大或过小都不好。虽然接口细化设计可提高程序设计灵活性，但是如果设计过细，可能造成接口数量过多，使设计复杂化。

6. 依赖倒转原则

高层模块不应该依赖于低层模块，二者都应该依赖于抽象；要针对接口编程，不要针对实现编程。类与类之间都通过抽象接口层来建立关系。抽象就是声明做什么（What），而不是告知怎么做（How）。

面向对象程序设计相对于面向过程（结构化）程序设计而言，依赖关系被倒置了。因为传统的结构化程序设计中，高层模块总是依赖于低层模块。

7. 组合/聚合复用原则

尽量使用组合/聚合，不要使用类继承达到复用的目的。组合/聚合复用原则可以使系统更加灵活，类与类之间的耦合度降低，一个类的变化对其他类造成的影响相对较少。

在_____软件系统开发项目中本人重点考虑并落实了_____、_____、_____等面向对象设计的原则。

（1）基于_____的原则，具体实施方法和过程为_____、_____、_____，实际应用效果有_____、_____。

（2）基于_____的原则，具体实施方法和过程为_____、_____、_____，实际应用效果有_____、_____。

（3）基于_____的原则，具体实施方法和过程为_____、_____、_____，实际应用效果有_____、_____。

3）收尾（200 字左右）。

通过全面细致的设计，整个软件系统开发项目取得了_____正面的效果，把握并满足了用户的_____、_____、_____等方面的核心要求，得到了用户_____、_____部门的好评。

但是，我们仍然不满足于现状，发现了很多的不足，具体如下：

1．阐述不足。
2．未来新项目中计划解决的思路。

2.4　框架 4：论面向对象的信息系统分析方法

　　信息系统分析是信息系统生命周期的重要阶段之一，是使用系统的观点和方法，是把复杂系统分解为简单组成部分并确定这些组成部分的基本属性和关系的过程。在此过程中可使用多种分析方法，以及相应的辅助工具。其中，面向对象分析方法（Object-Oriented Analysis Method，OOAM）是在系统开发过程中进行了系统业务调查后，按照面向对象的思想来分析问题的方法。

　　请围绕"面向对象的信息系统分析方法"论题，依次从以下三个方面进行论述。
1．概要叙述你参与管理和开发的软件项目以及你在其中所承担的主要工作。
2．请简要描述面向对象系统分析方法的主要步骤。
3．具体阐述你参与管理和开发的项目是如何基于面向对象分析方法进行信息系统分析的。

　　针对上述题目，我们给出参考的写作框架如下。
（1）摘要（300～330 字）。

___年___月（注意写近三年的项目），我参加了_____软件系统开发项目的规划、设计及开发，并担任_____（自己的工作角色），主要完成_____、_____等工作。该项目的背景是____，该项目的目标是____，该项目的特点是____、____、____。 　　　　（约 100 字）
在面向对象的软件系统开发项目中，面向对象分析过程的主要活动有需求陈述、建立对象模型、建立动态模型、建立功能模型、定义服务等。在实际的项目分析和开发中，我运用和落实了_____、_____等面向对象分析方法，具体的分析过程大致是_____、_____、_____等，分别取得了_____、_____、_____等效果。 　　…… 　　　　（约 150 字）
项目完成得十分顺利，基本达到了预期的（成本、周期、质量管理等）目标，并得到了客户、我方领导的正面肯定。但我们仍然认为项目有一定的改进空间。由于_____、_____等原因，客户的_____、_____等要求没有得到很好的满足。在项目（后期/运维/二期）中，可以考虑通过_____手段来解决。另外，我认为现有的_____做法有待改进，在未来的项目实施中，我们打算进行_____改进。 　　　　（约 80 字）

（2）正文（2200～2500 字）。
1）背景介绍（500 字左右）。

1. 软件系统开发项目的基本信息（大环境、项目内容、金额、干系人、工期等）。
2. 软件系统开发项目的构成（简述相关软件系统项目各子项目的特点、特性、功能）。
3. 软件系统开发项目的团队组成（人员组成、个人角色）。

*注：该部分应该比摘要的第一段更详细；**注意写近三年的项目。***

2）论点论据（1500 字左右）。

> 面向对象分析是一个抽取、整理用户需求并建立问题域精确模型的过程。面向对象建模得到的模型有静态结构（对象模型）、交互次序（动态模型）和数据变换（功能模型）。
> 面向对象分析过程中建立对象模型的 5 项主要活动如下：
> 1. 需求陈述
> 需求陈述从实际出发，迭代描述用户需求，判断需求的必要性和可选性。这里不需要提出解决问题的方法，不需要描述系统内部结构。需求陈述的内容包括：问题范围，功能需求，性能需求，应用环境及假设条件等。
> 2. 建立对象模型
> 面向对象分析首先依据需求陈述、领域知识、常识等构建对象模型。构建对象模型的步骤有确定对象类和关联、为类增添属性、设计继承关系、设计类中的操作。
> 3. 建立动态模型
> 建立动态模型的步骤有：编写典型交互行为的脚本；从脚本中提取出事件，确定触发每个事件的动作对象以及接受事件的目标对象；排列事件发生的次序，确定每个对象所有状态及状态间的转换关系，并用状态图描绘它们；比较各个对象的状态图，检查一致性。
> 4. 建立功能模型
> 功能模型表明了系统中数据之间的依赖关系，以及数据处理功能。功能模型由一组数据流图组成；数据处理功能可以用 IPO 图、伪码等描述。
> 5. 定义服务
> 考虑类实体的常规行为（读、写类属性操作），结合本系统中特殊需要的服务，定义类应有的服务。可以利用继承方法减少冗余操作。
> 分析得到具体的需求，可能要对上述过程迭代多次。

> 在_____软件系统开发项目中本人采用了_____、_____等面向对象分析方法进行信息系统分析。
> （1）_____面向对象分析方法的实施过程为_____、_____，目标是_____、_____，具体实际应用效果有_____、_____。
> （2）_____面向对象分析方法的实施过程为_____、_____，目标是_____、_____，具体实际应用效果有_____、_____。
> ……
> 当然通过分析得到具体的需求，不是一蹴而就的，本项目中进行了多次迭代。

3）收尾（200 字左右）。

> 通过全面细致的设计，整个软件系统开发项目取得了_____正面的效果，把握并满足了用户的_____、_____、_____等方面的核心要求，得到了用户_____、_____部门的好评。
> 但是，我们仍然不满足于现状，发现了很多的不足，具体如下：
> 1．阐述不足。
> 2．未来新项目中计划解决的思路。

2.5 框架 5：论项目风险管理及其应用

项目风险是指一种不确定的事件或条件，一旦发生，会对项目目标产生某种负面（或正面）的影响。项目风险管理是项目管理人员通过风险识别、风险估计和评价，并以此为基础合理地使用多种管理方法、技术和手段，对项目活动设计的风险实施有效的控制，采取主动行动，创造条件，可靠地实现项目的总体目标。

请围绕"项目风险管理及其应用"论题，依次从以下三个方面进行论述。
1．概要叙述你参与管理和开发的软件项目以及你在其中所承担的主要工作。
2．论述在信息系统项目中，风险管理的基本过程。
3．针对你参与的实际项目中的风险，阐述该项目的风险管理过程，并具体说明其实施效果。
针对上述题目，我们给出参考的写作框架如下。
（1）摘要（300～330 字）。

> ___年___月（**注意写近三年的项目**），我参加了_____软件系统开发项目的规划、设计及开发，并担任_____（自己的工作角色），主要完成_____、_____等工作。该项目的背景是____，该项目的目标是____，该项目的特点是____、_____、_____。
> （约 100 字）
>
> 在软件系统开发项目开发中，可能会遇到各种风险。为了避免风险带来的损失，我们采用了项目管理中的风险管理方法对项目风险进行管理与监控。项目风险管理的具体过程有规划风险管理、风险识别、风险定性分析、风险定量分析、规划风险应对、风险监控。本文重点阐述了软件系统开发项目中所采用的_____、_____、_____等风险控制手段与技术，分别取得了_____、_____、_____等效果。
> ……
> （约 150 字）
>
> 项目完成得十分顺利，基本达到预期的（成本、周期、质量管理等）目标，并得到客户、我方领导的正面肯定。但我们仍然认为项目有一定的改进空间。由于_____、_____等原因，客户的_____、_____等要求没有得到很好的满足。在项目（后期/运维/二期）中，可以考虑通过_____手段来解决。另外，我认为现有的_____做法有待改进，在未来的项目实施中，我们

打算进行_____改进。
   （约80字）

（2）正文（2200～2500字）。

1）背景介绍（500字左右）。

1. 软件系统开发项目的基本信息（大环境、项目内容、金额、干系人、工期等）。
2. 软件系统开发项目的构成（简述相关软件系统项目各子项目的特点、特性、功能）。
3. 软件系统开发项目的团队组成（人员组成、个人角色）。

注：该部分应该比摘要的第一段更详细；**注意写近三年的项目**。

2）论点论据（1500字左右）。

风险是指某一特定危险情况发生的可能性和后果的组合。项目风险管理包括以下过程：规划风险管理、风险识别、风险定性分析、风险定量分析、规划风险应对、控制风险。

1. 规划风险管理

规划风险管理的依据是环境和组织因素、组织过程资产、项目范围说明书、项目章程和项目管理计划。规划风险管理的主要工作内容是制订风险管理计划，是项目风险管理的首要工作。通常采用会议的形式来制订风险管理计划。

风险管理计划应包括简介、风险概要、风险管理的任务、组织和职责、预算、工具与技术、要管理的风险项等。

2. 风险识别

风险识别是指确定风险的来源、产生的条件，描述其风险特征，确定哪些风险事件可能影响本项目，并将其特性记载成文。风险识别的主要内容有识别并确定项目有哪些潜在的风险，识别引起这些风险的主要因素，及这些风险可能引发的后果。

3. 风险定性分析

风险定性分析是指对已识别风险的可能性及影响大小的评估过程，该过程按风险对项目目标潜在影响的轻重缓急进行优先级排序，并为定量风险分析奠定基础。风险定性分析使用的工具与技术主要有风险概率与影响评估、概率和影响矩阵、专家判断、风险数据质量分析、风险分类、风险紧迫性评估。

4. 风险定量分析

在风险定性分析之后，为了进一步了解风险发生的可能性到底有多大、后果到底有多严重，就需要对风险进行定量的分析。风险定量分析也用于分析项目总体风险的程度。风险定量分析是指在风险定性分析过程中，对项目需求存在重大影响而排序在先的风险进行分析，并就风险分配一个数值。

风险定量分析技术有蒙特卡罗模拟及决策树分析等。

5. 规划风险应对

规划风险应对是针对项目目标，制定提高机会、降低威胁的方案和措施的过程。风险应对应该在风险定性分析和风险定量分析之后。风险应对包含危险（消极风险）、机会（积极风险）两种。

6. 控制风险

控制风险是在整个项目中实施风险应对计划、跟踪已识别风险、监督残余风险、识别新风险，以及评估风险过程有效性的过程。控制风险的工具与技术有风险再评估、风险审计、偏差分析、技术绩效测量、储备分析、会议等。

注意：上述信息系统项目的风险管理的基本过程内容过多，在论文中应进行一定的裁减。这部分内容不能写太多。

在_____软件系统开发项目中，本人落实并实施了全过程的项目风险管理工作。

（1）在规划风险管理阶段，我具体采用了_____、_____措施，落实了_____、_____工作，得到了_____、_____结果。

（2）在风险识别阶段，我具体采用了_____、_____措施，落实了_____、_____工作，得到了_____、_____结果。

……

（6）在风险监控阶段，我具体采用了_____、_____措施，落实了_____、_____工作，得到了_____、_____结果。

上述过程，无须一一详细描述，挑2~3点进行详述即可。

3）收尾（200字左右）。

通过全面细致的设计，整个软件系统开发项目取得了_____正面的效果，把握并满足了用户的_____、_____、_____等方面的核心要求，得到了用户_____、_____部门的好评。

但是，我们仍然不满足于现状，发现了很多的不足，具体如下：

1. 阐述不足。
2. 未来新项目中计划解决的思路。

2.6 框架6：论信息系统开发方法及应用

信息系统是一个复杂的人机交互系统，它不仅包含计算机技术、软件技术、通信技术、网络技术以及其他工程技术，它还是一个复杂的管理系统，需要管理理论和方法的支持。因此，与其他工程项目相比，信息系统工程项目的开发和管理显得更加复杂，所面临的风险也更大。如何选择一个合适的方法，以保证在多变的市场环境下，在既定的预算和时间要求范围内，开发出让用户满意的信息系统，是信息系统设计时所必须考虑的首要问题。

请围绕"信息系统开发方法及应用"论题,依次从以下三个方面进行论述。

1. 简要叙述你所参与管理和开发的软件项目,并明确指出你在其中承担的主要任务和开展的主要工作。

2. 目前比较主流的信息系统开发方法主要包括:结构化方法、面向对象方法、面向服务的方法、原型化方法、快速应用开发、敏捷开发等。

3. 结合自身参与项目的实际状况,指出你参与管理和开发的项目是如何应用所选择的开发方法指导系统开发的,说明具体的实施过程、使用的方法和工具,并对实际实施效果进行分析。

针对上述题目,我们给出参考的写作框架如下。

(1)摘要(300~330字)。

> ___年___月(**注意写近三年的项目**),我参加了_____软件系统开发项目的规划、设计及开发,并担任_____(自己的工作角色),主要完成_____、_____等工作。该项目的背景是____,该项目的目标是____,该项目的特点是____、_____、_____。
>
> *(约100字)*
>
> 软件开发方法是一个使用已定义的技术集及符号表示,进行软件生产的过程。主流的软件开发方法有很多,我们重点分析了_____软件系统开发项目,该项目具有的_____、_____等特点适合使用(*结构化方法、面向对象方法、面向服务的方法、原型化方法、快速应用开发、敏捷开发等方法选一*)软件开发方法。该方法在项目中的实施过程有_____、_____、_____,采用了_____、_____、_____等工具与技术,分别取得了_____、_____、_____等效果。
> ……
>
> *(约150字)*
>
> 项目完成得十分顺利,基本达到了预期的(成本、周期、质量管理等)目标,并得到了客户、我方领导的正面肯定。但我们仍然认为项目有一定的改进空间。由于_____、_____等原因,客户的_____、_____等要求没有得到很好的满足。在项目(后期/运维/二期)中,可以考虑通过_____手段来解决。另外,我认为现有的_____做法有待改进,在未来的项目实施中,我们打算进行_____改进。
>
> *(约80字)*

(2)正文(2200~2500字)。

1)背景介绍(500字左右)。

> 1. 软件系统开发项目的基本信息(大环境、项目内容、金额、干系人、工期等)。
> 2. 软件系统开发项目的构成(简述相关软件系统项目各子项目的特点、特性、功能)。
> 3. 软件系统开发项目的团队组成(人员组成、个人角色)。
>
> *注:该部分应该比摘要的第一段更详细;**注意写近三年的项目**。*

2）论点论据（1500字左右）。

> **软件开发方法**是一个使用已定义的技术集及符号表示，进行软件生产的过程。
> 文章可选择下列一种主流的信息系统开发方法进行阐述。
>
> 1. 结构化方法
>
> 结构化方法属于面向数据流的开发方法，方法的特点是软件功能的分解和抽象。结构化方法由结构化分析、结构化设计、结构化程序设计构成。结构化方法遵循的原则有自顶向下、逐步细化、模块化等原则。
>
> 结构化方法将系统开发的生命周期划分为系统规划、需求分析、软件设计、软件开发、实施和维护等阶段。
>
> 结构化方法的优点有：目标清晰，开发工作阶段清晰，开发文档规范，设计方法结构化等。结构化方法特别适合于数据处理领域的问题；但不适合于规模较大、比较复杂的系统开发，这是因为结构化方法具有开发周期长、难以适应需求变化等缺点。
>
> 2. 面向对象方法
>
> 面向对象方法把事务、概念、规则都看成对象。对象将整合数据、方法，使得模块高聚合低耦合，极大地支持了软件复用。
>
> 面向对象方法包括面向对象分析、面向对象设计和面向对象程序设计三个阶段。
>
> （1）面向对象分析（Object-Oriented Analysis，OOA）是理解需求中的问题，确定功能、性能要求，进行模块化处理。在分析阶段，架构师主要关注系统的行为，即关注系统应该做什么。
>
> （2）面向对象设计（Object-Oriented Design，OOD）属于设计分析模型的结果进一步规范化，便于之后的面向对象程序设计。
>
> （3）面向对象程序设计（Object-Oriented Programming，OOP）就是利用面向对象程序设计语言进行程序设计。
>
> 面向对象方法使系统的描述及信息模型的表示与客观实体相对应，符合人们的思维习惯，有利于系统开发过程中用户与开发人员的交流和沟通，缩短开发周期，普遍适用于各类信息系统的开发，但是，它也存在明显的不足。例如，必须依靠一定的面向对象技术支持，在大型项目的开发上具有一定的局限性。
>
> 3. 面向服务的方法
>
> 面向对象的建模技术会将相关对象按照业务功能进行分组，从而形成了构件。而跨构件的功能调用，则需要接口定义和实现的解耦。这导致了面向服务方法的诞生。面向服务方法可以分为面向服务的分析与设计两个阶段。
>
> 面向服务的方法的主要特征：
>
> （1）松散连接：应用程序的业务逻辑独立于处理服务的逻辑。
> （2）可发现：应具备供应用程序查找服务的机制。

（3）服务契约：服务端与消费端对于接口的定义。

面向服务的方法加强了系统的灵活性、可复用性。

4. 原型化方法

原型化方法又称快速原型法，是根据用户初步需求来利用原型工具快速地建立一个系统模型展示给用户，在此基础上与用户交流，最终实现用户需求的信息系统快速开发的方法。

原型化方法的优点是：

（1）缩短了系统开发周期、成本，降低了开发风险。

（2）开发用户为中心，提升了用户满意度，提高了成功概率。

（3）开发过程用户全程参与，有助于用户理解系统，有利于系统后期的运行与维护。

（4）适用于需求不明确、分析难度大，技术实现不难的系统。

原型化方法的缺点是：不适用于技术实现难度过大的系统。

5. 快速应用开发

快速应用开发是一种比传统生命周期法快得多的开发方法，强调极短的开发周期。快速应用开发通过构件开发方法获得快速的结果。

6. 敏捷开发

敏捷开发是一种软件开发方法。敏捷开发的特点如下：

（1）快速迭代：通过短周期的迭代交付，不断完善产品。

（2）快速尝试：避免过于漫长的需求分析，而应该快速尝试。

（3）快速改进：迭代后，应根据客户反馈进行快速改进。

（4）充分交流：团队间无缝交流，可考虑每天短时间的站立会议等。

（5）简化流程：拒绝形式化，使用简单、易用的工具。

敏捷开发的方法主要有极限编程、水晶法、争球等。

注：软件开发方法是一个使用已定义的技术集及符号表示，进行软件生产的过程。软件开发模型和软件开发方法不是同一类事物，开发模型是软件开发的规划和流程（包含需求、设计、编码、测试等多阶段），不同流程有不同的处理方式；而软件开发方法则是方法学，针对的是实现层面。但是实际应用中，两者之间往往交叉重叠。

在_____软件系统开发项目中，本人分析项目的_____、_____等情况和特点，采用了_____软件开发方法用于指导系统开发。

项目中_____软件开发方法的具体实施过程为_____、_____、_____。其中：

（1）_____过程的特点是_____、_____。采用的方法有_____、_____，取得的效果有_____、_____；采用了_____、_____工具，该工具的特点是_____、_____，取得的效果有_____、_____。

（2）_____过程的特点是_____、_____。采用的方法有_____、_____，取得的效果有_____、_____；采用了_____、_____工具，该工具的特点是_____、_____，取得的效果有_____、_____。

……

3）收尾（200 字左右）。

> 通过全面细致的设计，整个软件系统开发项目取得了_____正面的效果，把握并满足了用户的_____、_____、_____等方面的核心要求，得到了用户_____、_____部门的好评。
> 但是，我们仍然不满足于现状，发现了很多的不足，具体如下：
> 1. 阐述不足。
> 2. 未来新项目中计划解决的思路。

2.7 框架 7：论信息系统开发方法论

信息系统的开发一般分为系统规划、需求定义、系统设计、实施和维护等五个主要阶段，每一个阶段都应该在科学方法论的指导下开展工作。随着信息系统规模的变化和传统开发方法论的演变，信息系统开发过程经历了"自底向上"和"自顶向下"两种方式。

请围绕"信息系统开发方法论"论题，依次从以下三个方面进行论述。
1. 概要叙述你参与分析和开发的信息系统以及你所承担的主要任务和开展的主要工作。
2. 分别说明信息系统"自底向上"和"自顶向下"两种系统分析设计方式。详细阐述系统遵循"自底向上"方式和"自顶向下"方式设计开发的优缺点。
3. 详细说明你所参与的信息系统是如何遵循"自底向上/自顶向下"或综合"自底向上"和"自顶向下"两种方式进行的分析、设计和开发的。

针对上述题目，我们给出参考的写作框架如下。
（1）摘要（300～330 字）。

> ___年___月（**注意写近三年的项目**），我参加了_____软件系统开发项目的规划、设计及开发，并担任_____（自己的工作角色），主要完成_____、_____等工作。该项目的背景是_____，该项目的目标是_____，该项目的特点是_____、_____、_____。
> （约 100 字）
>
> 软件开发方法有"自底向上"和"自顶向下"两种方式。"自底向上"方式规模和进度容易控制，但整体性、模块间协调较差；"自顶向下"方式整体性、模块间协调较好，但对人员要求较高，开发规模和进度不容易控制。我重点分析了_____软件系统开发项目，该项目具有的_____、_____等特点，适合使用（"自底向上"/"自顶向下"或"自底向上"和"自顶向下"结合，三种方法选一）的软件开发方法。该方法在项目中的实施过程为_____、_____、_____，采用了_____、_____、_____等措施，分别取得了_____、_____、_____等效果。
> ……
> （约 150 字）
>
> 项目完成得十分顺利，基本达到了预期的（成本、周期、质量管理等）目标，并得到了客户、我方领导的正面肯定。但我们仍然认为项目有一定的改进空间。由于_____、_____等原

因，客户的_____、_____等要求没有得到很好的满足。在项目（后期/运维/二期）中，可以考虑通过_____手段来解决。另外，我认为现有的_____做法有待改进，在未来的项目实施中，我们打算进行_____改进。

（约 80 字）

（2）正文（2200~2500 字）。

1）背景介绍（500 字左右）。

1．软件系统开发项目的基本信息（大环境、项目内容、金额、干系人、工期等）。
2．软件系统开发项目的构成（简述相关软件系统项目各子项目的特点、特性、功能）。
3．软件系统开发项目的团队组成（人员组成、个人角色）。
*注：该部分应该比摘要的第一段更详细；**注意写近三年的项目**。*

2）论点论据（1500 字左右）。

分别阐述"自底向上"和"自顶向下"两种系统分析设计方式及其优缺点。
注：两种方式及优缺点都需要阐述，缺少内容将会被扣分。

1．"自底向上"的系统分析设计

自底向上法（又称演变法）是依据系统的功能要求，从具体部件或者相似系统开始，依据开发者的经验逐渐连接其他部件，从而不断扩展。从能支持部门的部分业务管理，到整个整体全局的业务控制、管理规划直到战略决策。

自底向上法的优点有：

（1）可以分阶段开发，每一阶段开发的规模、进度容易控制。
（2）每个阶段的开发成本容易评估和控制。
（3）本阶段的经验和教训有助于下一阶段的开发。

自底向上法的缺点有：

（1）缺乏整体规划，系统难以保证整体性。
（2）开发完成的子系统间存在协调难的问题。
（3）难以保证系统数据的一致性、完整性。
（4）难以保证系统性能要求，会往往要求系统进行重新设计。
（5）难以支持企业整体目标。

2．"自顶向下"的系统分析设计

自顶向下法是一种自上而下逐步细化的开发方法。该方法采用了逐层分解的思路，把一个大问题分解成若干个小问题，每个小问题再分解成若干个更小的问题。经过逐层分解，直到每个最低层的问题都是足够简单、容易解决的。

自顶向下法的优点有：

（1）系统开发具有总体性、全局性。

（2）可以更为全面地规划和设计系统数据。
（3）系统各模块协同和通信更加顺畅。
（4）可以更好地支持企业决策和全局性管理。
自顶向下法的缺点有：
（1）开发周期长。
（2）对系统分析和设计人员的要求较高。
（3）系统开发规模、进度、费用难以控制。

在_____软件系统开发项目中，本人分析项目的_____、_____等情况和特点，采用了_____（"自底向上"/"自顶向下"或综合"自底向上"和"自顶向下"两种方式）用于指导系统的分析、设计和开发。

（1）_____全局模块的特点是_____、_____。我采用_____方式进行_____（分析、设计和开发），具体过程为_____。

（2）_____模块 1 的特点是_____、_____，作用是_____、_____。我采用_____方式进行_____（分析、设计和开发），具体过程为_____。

（3）_____模块 2 的特点是_____、_____，作用是_____、_____。我采用_____方式进行_____（分析、设计和开发），具体过程为_____。

……

（n）系统数据的特点是_____、_____。我采用_____方式进行_____规划与建设，具体过程为_____。

……

3）收尾（200 字左右）。

通过全面细致的设计，整个软件系统开发项目取得了_____正面的效果，把握并满足了用户的_____、_____、_____等方面的核心要求，得到了用户_____、_____部门的好评。
但是，我们仍然不满足于现状，发现了很多的不足，具体如下：
1. 阐述不足。
2. 未来新项目中计划解决的思路。

2.8　框架 8：论原型法及其在信息系统开发中的应用

原型法（Prototyping）作为一种信息系统开发方法，被普遍使用。原型法是指在获取一组基本的需求定义后，利用可视化的开发工具，快速建立一个目标系统的初始版本，并交由用户试用，并根据用户反馈进行补充和修改，再形成新的版本。反复进行这个过程，直到得出系统的"精确解"，即用户满意为止。

请围绕"原型法及其在信息系统开发中的应用"论题,依次从以下三个方面进行论述。

1. 概要叙述你参与管理和开发的软件项目以及你在其中所承担的主要工作。
2. 请简要描述原型法的开发过程。
3. 具体阐述你参与管理和开发的项目是如何基于原型法进行信息系统开发的。

针对上述题目,我们给出参考的写作框架如下。

(1)摘要(300~330字)。

___年___月(**注意写近三年的项目**),我参加了_____软件系统开发项目的规划、设计及开发,并担任_____(自己的工作角色),主要完成_____、_____等工作。该项目的背景是____,该项目的目标是____,该项目的特点是____、_____、_____。

(约100字)

本文以系统一次原型开发迭代过程为例,阐述了实际的原型法开发过程。制订原型开发计划,确认用户基本需求阶段的具体工作是____、____、____;设计可运行的系统原型阶段的具体工作是____、____、_____;试用和评价原型阶段的具体工作是____、____、_____;修改完善原型阶段的具体工作是____、____、_____;整理原型,提供文档,结束迭代阶段的具体工作是____、____、_____。

……

(约150字)

项目完成得十分顺利,基本达到了预期的(成本、周期、质量管理等)目标,并得到了客户、我方领导的正面肯定。但我们仍然认为项目有一定的改进空间。由于_____、_____等原因,客户的_____、_____等要求没有得到很好的满足。在项目(后期/运维/二期)中,可以考虑通过_____手段来解决。另外,我认为现有的_____做法有待改进,在未来的项目实施中,我们打算进行_____改进。

(约80字)

---

(2)正文(2200~2500字)。

1)背景介绍(500字左右)。

---

1. 软件系统开发项目的基本信息(大环境、项目内容、金额、干系人、工期等)。
2. 软件系统开发项目的构成(简述相关软件系统项目各子项目的特点、特性、功能)。
3. 软件系统开发项目的团队组成(人员组成、个人角色)。

注:该部分应该比摘要的第一段更详细;**注意写近三年的项目。**

---

2)论点论据(1500字左右)。

原型法是系统分析师和开发人员在初步了解用户需求的基础上,快速开发出的廉价原型系统,通过使用系统结合用户反馈后,再对系统提出新的需求并进行改进。

原型法开发的简要过程为制订原型开发计划，确认用户基本需求；设计可运行的系统原型；试用和评价原型；修改完善原型；整理原型，提供文档，结束迭代。

由于_____软件系统具有处理过程明确、复杂度不高的特点；且存在需求不清、变化较大等问题。这促使我采用原型法进行系统的分析与开发，帮助用户理清、验证需求的情况。我们以系统一次原型迭代开发过程为例，阐述实际的原型法开发过程。

1. 制订原型开发计划，确认用户基本需求

这个阶段用于确定原型的目标和范围。这部分工作由项目系统分析师与_____、_____用户沟通合作完成，具体过程为_____、_____。阶段工作完成后，我们形成了较为完善且易于描述的_____需求文件。

2. 设计可运行的系统原型

这个阶段我分析了_____、_____系统的特点，具体为_____、_____。我利用_____、_____原型工具，设计了_____系统原型，大概过程为_____、_____。期间，我尽量将每次原型开发费用控制在投资的10%以内。

3. 试用和评价原型

_____用户在开发人员指导下试用原型并给出_____、_____评价，然后进一步明确了_____、_____需求，给出了_____、_____等修改意见。

4. 修改完善原型

根据_____、_____修改意见，我们进行了_____、_____快速分析。进行了_____、_____修改，具体过程为_____、_____。

5. 整理原型，提供文档

最后，当_____文档和_____原型得到用户方与开发方的一致认可后，我们结束了原型的迭代过程。

3）收尾（200字左右）。

通过全面细致的设计，整个软件系统开发项目取得了_____正面的效果，把握并满足了用户的_____、_____、_____等方面的核心要求，得到了用户_____、_____部门的好评。

但是，我们仍然不满足于现状，发现了很多的不足，具体如下：

1．阐述不足。
2．未来新项目中计划解决的思路。

2.9　框架9：论软件系统测试及其应用

软件系统测试是将已经确认的软件与计算机硬件、外设、网络等其他设施结合在一起，进行信息系统的各种组装测试和确认测试。系统测试是针对整个产品系统进行的测试，目的是验证系统是否满足了需求规格的定义，找出与需求规格不符或与之矛盾的地方，进而完善软件。系统测试的主

要内容包括功能测试、健壮性测试、性能测试、用户界面测试、安全性测试、安装与反安装测试等，其中，最重要的是功能测试和性能测试。功能测试主要采用黑盒测试方法。

请围绕"软件系统测试及其应用"论题，依次从以下三个方面进行论述。

1．概要叙述你参与管理和开发的软件项目以及你在其中所承担的主要工作。

2．详细论述软件系统测试中功能测试的主要方法，自动化测试的主要内容和如何选择适合的自动化测试工具。

3．结合你具体参与管理和开发的实际项目，说明你是如何采用软件系统测试方法进行系统测试的，说明具体实施过程以及应用效果。

针对上述题目，我们给出参考的写作框架如下。

（1）摘要（300～330字）。

___年___月（**注意写近三年的项目**），我参加了_____软件系统开发项目的规划、设计及开发，并担任_____（自己的工作角色），主要完成_____、_____等工作。该项目的背景是____，该项目的目标是____，该项目的特点是____、_____、_____。

（约100字）

本文首先介绍了功能测试的定义及常用的功能测试技术。然后详细论述了软件系统测试中功能测试的主要方法，自动化测试的主要工作内容及常见的自动化测试工具。接着，结合作者_____开发项目的_____、_____、_____等实际情况，设计了_____、_____、_____等用例，并阐述了主要的_____、_____、_____等实施过程，取得了_____、_____、_____等效果。

……

（约150字）

项目完成得十分顺利，基本达到了预期的（成本、周期、质量管理等）目标，并得到了客户、我方领导的正面肯定。但我们仍然认为项目有一定的改进空间。由于_____、_____等原因，客户的_____、_____等要求没有得到很好的满足。在项目（后期/运维/二期）中，可以考虑通过_____手段来解决。另外，我认为现有的_____做法有待改进，在未来的项目实施中，我们打算进行_____改进。

（约80字）

（2）正文（2200～2500字）。

1）背景介绍（500字左右）。

1．软件系统开发项目的基本信息（大环境、项目内容、金额、干系人、工期等）。
2．软件系统开发项目的构成（简述相关软件系统项目各子项目的特点、特性、功能）。
3．软件系统开发项目的团队组成（人员组成、个人角色）。

注：该部分应该比摘要的第一段更详细；**注意写近三年的项目**。

2）论点论据（1500 字左右）。

> 黑盒测试（功能测试）把被测试的对象看成一个黑盒，测试时完全不用考虑对象程序的内部结构、处理过程，利用软件接口进行测试。黑盒测试利用需求规格说明书，来检查被测程序的功能是否满足要求。黑盒测试常用技术有等价类划分、边界值分析、错误推测、因果图等。
>
> *注：可以分别简要介绍主流的黑盒测试技术。这部分约 300 字。*
>
> 自动化测试是使用独立于待测软件的其他软件来自动执行测试，并生成测试结果的过程。测试自动化可以自动执行一些重复但必要的测试工作，也可以完成手动测试几乎不可能完成的测试。
>
> 自动化测试的工作有搭建存放测试和被测程序的服务器，搭建存储测试用例和测试结果的数据库服务器，搭建控制服务器，执行测试工具等。
>
> 常见的自动化测试工具有 Lambda Test、TestComplete、QMetry Automation Studio、TestProject、Katalon Studio、Worksoft 等。
>
> （1）在实际项目开发中，由于系统具备_____、_____、_____等特点，我采用了_____软件系统测试方法，设计了_____、_____、_____等用例，进行系统测试，具体过程为_____、_____、_____，具体效果是_____、_____、_____等。
>
> （2）在实际项目开发中，由于系统具备_____、_____、_____等特点，我采用了_____软件系统测试方法，设计了_____、_____、_____等用例，进行系统测试，具体过程为_____、_____、_____，具体效果是_____、_____、_____等。
>
> （3）在实际项目开发中，由于系统具备_____、_____、_____等特点，我采用了_____软件系统测试方法，设计了_____、_____、_____等用例，进行系统测试，具体过程为_____、_____、_____，具体效果是_____、_____、_____等。
>
> *注：详细阐述每一类测试方法，阐述的测试方法数量最好不超过 3 个，最多 4 个。*

3）收尾（200 字左右）。

> 通过全面细致的设计，整个软件系统开发项目取得了_____正面的效果，把握并满足了用户的_____、_____、_____等方面的核心要求，得到了用户_____、_____部门的好评。
>
> 但是，我们仍然不满足于现状，发现了很多的不足，具体如下：
> 1. 阐述不足。
> 2. 未来新项目中计划解决的思路。

2.10 框架 10：论静态测试方法及其应用

软件测试是在将软件交付给客户之前所必须完成的重要步骤之一。目前，软件的正确性证明技术尚不成熟，软件测试仍是发现软件错误的主要手段。软件测试方法可分为静态测试和动态测试，其中静态测试是指被测程序不在机器上运行，而通过人工检测和计算机辅助的手段对程序进行测试，该方法能够有效地发现软件 30%～70%的设计和编码错误。

请围绕"静态测试方法及其应用"论题，依次从以下三个方面进行论述。

1．概要叙述你参与管理和开发的软件项目，以及你在其中所承担的主要工作。
2．详细论述静态测试主要方法的内容和过程。
3．结合你具体参与管理和开发的实际项目，说明如何进行静态测试，并说明如何选择合适的静态测试方法及具体实施过程和效果。

针对上述题目，我们给出参考的写作框架如下。

（1）摘要（300～330 字）。

> ___年___月（**注意写近三年的项目**），我参加了_____软件系统开发项目的规划、设计及开发，并担任_____（自己的工作角色），主要完成_____、_____等工作。该项目的背景是____，该项目的目标是____，该项目的特点是____、_____、_____。
>
> *（约 100 字）*
>
> 本文首先介绍了静态测试的定义及常用的功能测试技术。然后详细论述了静态测试的主要方法。接着，结合作者_____开发项目的_____、_____、_____等实际情况，设计了_____、_____、_____等用例，并阐述了主要的_____、_____、_____等实施过程，取得了_____、_____、_____等效果。
> ……
>
> *（约 150 字）*
>
> 项目完成得十分顺利，基本达到了预期的（成本、周期、质量管理等）目标，并得到了客户、我方领导的正面肯定。但我们仍然认为项目有一定的改进空间。由于_____、_____等原因，客户的_____、_____等要求没有得到很好的满足。在项目（后期/运维/二期）中，可以考虑通过_____手段来解决。另外，我认为现有的_____做法有待改进，在未来的项目实施中，我们打算进行_____改进。
>
> *（约 80 字）*

（2）正文（2200～2500 字）。
1）背景介绍（500 字左右）。

> 1．软件系统开发项目的基本信息（大环境、项目内容、金额、干系人、工期等）。
> 2．软件系统开发项目的构成（简述相关软件系统项目各子项目的特点、特性、功能）。
> 3．软件系统开发项目的团队组成（人员组成、个人角色）。
> 注：该部分应该比摘要的第一段更详细；**注意写近三年的项目。**

2）论点论据（1500 字左右）。

静态测试指被测试程序不在机器上运行，而采用人工检测和计算机辅助静态分析的手段对程序进行检测。静态测试的特点如下：
（1）静态测试不测试数据而是对测试对象进行过程分析。
（2）静态测试存在于软件生命周期的各阶段。例如：需求分析阶段、概要/详细设计阶段、集成测试和系统测试阶段等。
（3）静态测试中的评审（或审查）是一种预防软件缺陷或错误的措施。因此，软件技术文档的审查是静态测试的主要任务之一。
注：这部分约 200 字。

静态测试内容包含：测试需求分析、测试概要分析、测试详细设计、测试执行与测试结果分析。
（1）测试需求分析：确定测试的需求，是测试与评审的基础。
（2）测试概要分析：基于测试需求分析的结果，制定测试方案。包含测试内容、测试目标、测试策略、测试方法等。
（3）测试详细设计：完成测试各过程和任务的细节设计。例如测试用例设计。
（4）测试执行与测试结果分析。
注：这部分约 200 字。

静态测试的方法有：
1. 桌前检查
由程序员检查自己编写的程序。这部分内容包括检查子程序、宏、函数，等值性检查；常量检查，标准检查，风格检查，选择路径检查；对照程序规格说明，仔细阅读源代码；补充必要的文档等。

2. 代码审查
代码审查是由若干程序员和测试人员组成一个审查小组，以讨论、阅读等形式，对源程序进行正式审查，以确认其是否满足设计的需要，以及能否达到预定的规范要求。代码审查的过程分为两步：
（1）代码审查负责人提前把设计规格说明书、控制流程图、程序文本及有关要求、检查表（错误清单）等分发给审查组成员，作为评审的依据。
（2）召开程序审查会。程序员先进行程序逻辑讲解，然后通过提问、讨论的形式审查错误。

3. 代码走查
代码走查过程也分为两步：
（1）代码走查负责人先把材料分发给小组成员。
（2）走查让与会者"充当"计算机，使用特定的测试用例沿着程序的逻辑运行一遍，并记录程序执行踪迹，记录结果以供分析和讨论。

4. 静态分析

静态分析方法包括控制流分析、数据流分析、接口分析和表达式分析等。

注：可以分别简要介绍主流的静态测试技术。这部分约 300 字。

（1）在实际项目开发中，由于_____系统具备_____、_____、_____等特点，我采用了_____静态测试方法，设计了_____、_____、_____等用例进行静态测试，具体过程为_____、_____、_____，具体效果是_____、_____、_____等。

（2）在实际项目开发中，由于_____系统具备_____、_____、_____等特点，我采用了_____静态测试方法，设计了_____、_____、_____等用例进行静态测试，具体过程为_____、_____、_____，具体效果是_____、_____、_____等。

（3）在实际项目开发中，由于_____系统具备_____、_____、_____等特点，我采用了_____静态测试方法，设计了_____、_____、_____等用例进行静态测试，具体过程为_____、_____、_____，具体效果是_____、_____、_____等。

注：详细阐述每一类测试方法，阐述的测试方法数量最好不超过 3 个，最多 4 个。

3）收尾（200 字左右）。

通过全面细致的设计，整个软件系统开发项目取得了_____正面的效果，把握并满足了用户的_____、_____、_____等方面的核心要求，得到了用户_____、_____部门的好评。

但是，我们仍然不满足于现状，发现了很多的不足，具体如下：

1．阐述不足。
2．未来新项目中计划解决的思路。

2.11 框架 11：论软件设计模式及其应用

设计模式（Design Pattern）是一套被反复使用的代码设计经验总结，代表了软件开发人员在软件开发过程中面临的一般问题的解决方案和最佳实践。使用设计模式的目的是提高代码的可重用性，让代码更容易被他人理解，并保证代码的可靠性。现有的设计模式已经在前人的系统中得以证实并广泛使用，它使代码编写真正实现工程化，将已证实的技术表述成设计模式，也会使新系统开发者更加容易理解其设计思路。根据目的和用途不同，设计模式可分为创建型（Creational）模式、结构型（Structural）模式和行为型（Behavioral）模式三种。

请围绕"软件设计模式及其应用"论题，依次从以下三个方面进行论述。

1．简要叙述你参与的软件开发项目以及你所承担的主要工作。
2．详细说明每种设计模式的特点及其所包含的具体设计模式，每个类别至少详细说明两种代表性设计模式。
3．根据你所参与的项目，论述具体采用了哪些设计模式，其实施效果如何。

针对上述题目，我们给出参考的写作框架如下。

（1）摘要（300~330 字）。

___年___月（**注意写近三年的项目**），我参加了_____软件系统开发项目的规划、设计及开发，并担任_____（自己的工作角色），主要完成_____、_____等工作。该项目的背景是____，该项目的目标是____，该项目的特点是____、_____、_____。

（约 100 字）

　　设计模式是一套反复使用的、经过分类的代码设计的经验总结。设计模式用于解决在某种特定情境中重复发生的某个问题。设计模式可以分为创建型、结构型和行为型三个大类。本文重点介绍了设计模式的_____、_____、_____、_____、_____等 6 个设计模式的特点与应用场景。然后，结合_____软件系统开发项目_____、_____、_____实际场景和具体情况，详细阐述了采用的_____、_____、_____三种模式的实施过程，取得了_____、_____、_____等效果。
……

（约 150 字）

　　项目完成得十分顺利，基本达到了预期的（成本、周期、质量管理等）目标，并得到了客户、我方领导的正面肯定。但我们仍然认为项目有一定的改进空间。由于_____、_____等原因，客户的_____、_____等要求没有得到很好的满足。在项目（后期/运维/二期）中，可以考虑通过_____手段来解决。另外，我认为现有的_____做法有待改进，在未来的项目实施中，我们打算进行_____改进。

（约 80 字）

（2）正文（2200~2500 字）。

1）背景介绍（500 字左右）。

1. 软件系统开发项目的基本信息（大环境、项目内容、金额、干系人、工期等）。
2. 软件系统开发项目的构成（简述相关软件系统项目各子项目的特点、特性、功能）。
3. 软件系统开发项目的团队组成（人员组成、个人角色）。

注：该部分应该比摘要的第一段更详细；**注意写近三年的项目。**

2）论点论据（1500 字左右）。

　　设计模式是一套反复使用的、经过分类的代码设计的经验总结。一个设计模式就是一个已被验证且不错的实践解决方案，这种方案已经被成功应用，解决了在某种特定情境中重复发生的某个问题。依据模式的用途来分类，即按完成什么工作来分类，设计模式可以分为创建型、结构型和行为型。

1. 创建型

创建型模式用于描述如何创建、组合、表示对象，分离对象的创建和对象的使用。该类型包含了工厂方法模式、抽象工厂模式、单例模式、建造者模式、原型模式等子模式。

注：这部分约 300 字，建议该类型中的子类型至少详细说明其中两个。

2. 结构型

结构型模式考虑如何组合类和对象成为更大的结构，如何构建一个对象（行为、属性）。该模式一般使用继承将一个或者多个类、对象进行组合、封装。该类型包含了适配器模式、桥接模式、组合模式、装饰模式、外观模式、享元模式、代理模式等子模式。

注：这部分约 200 字，建议该类型中的子类型至少详细说明其中两个。

3. 行为型

行为型模式描述对象的职责及如何分配职责，处理对象间的交互。行为型模式用于描述程序在运行时复杂的流程控制，即描述多个类或对象之间怎样相互协作，共同完成单个对象都无法单独完成的任务，它涉及算法与对象间职责的分配。该类型包含了模板模式、解释器模式、责任链模式、命令模式、迭代器模式、中介者模式、备忘录模式、观察者模式、状态模式、策略模式、访问者模式等子模式。

注：这部分约 200 字，建议该类型中的子类型至少详细说明其中两个。

（1）在_____项目的设计与开发中，由于该系统的_____、_____场景具备_____、_____、_____等特点，因此我采用了_____模式，具体措施为_____、_____，取得了_____、_____、_____等效果。

（2）在_____项目的设计与开发中，由于该系统的_____、_____场景具备_____、_____、_____等特点，因此我采用了_____模式，具体措施为_____、_____，取得了_____、_____、_____等效果。

……

（n）在_____项目的设计与开发中，由于该系统的_____、_____场景具备_____、_____、_____等特点，因此我采用了_____模式，具体措施为_____、_____，取得了_____、_____、_____等效果。

注：详细阐述每一类设计模式的实际应用与效果，阐述的设计模式数量最好不超过 3 个，最多 4 个。

3）收尾（200 字左右）。

通过全面细致的设计，整个软件系统开发项目取得了_____正面的效果，把握并满足了用户的_____、_____、_____等方面的核心要求，得到了用户_____、_____部门的好评。

但是，我们仍然不满足于现状，发现了很多的不足，具体如下：

1. 阐述不足。
2. 未来新项目中计划解决的思路。

2.12　框架 12：论数据灾备技术与应用

随着社会经济的发展，信息安全逐步成为公众关注的焦点，数据的安全和业务运行的可靠性越来越重要。数据灾备机制保证企业网络核心业务数据在灾难发生后能及时恢复，保障业务的顺利进行。数据灾备机制随着网络、存储、虚拟化等技术的日趋成熟在不断地发展，近些年许多大型企业均建设了自己的数据灾备中心。

请围绕"数据灾备技术与应用"论题，依次从以下三个方面进行论述。

1. 简要论述数据灾备中常用的技术，包括数据灾备的标准、网络存储与备份、软硬件配置与设备等。

2. 详细叙述你参与设计和实施的大中型网络项目中采用的数据灾备方案，包括建设地址的选择、基础建设的要求、网络线路的备份、数据备份与恢复等。

3. 分析和评估你所采用的灾备方案的效果以及相关的改进措施。

针对上述题目，我们给出参考的写作框架如下。

（1）摘要（300～330 字）。

＿＿年＿＿月（注意写近三年的项目），我参加了＿＿＿＿＿的数据灾备项目的规划和设计，担任＿＿＿＿＿（自己的工作角色）。该项目的背景是＿＿＿＿，该项目的目标是＿＿＿＿，该项目的特点是＿＿＿＿、＿＿＿＿、＿＿＿＿。 （约 100 字）
在＿＿＿＿的数据灾备项目的方案中，我们根据＿＿＿＿＿、＿＿＿＿＿、＿＿＿＿＿等实际需求，分析并采用了＿＿＿＿＿、＿＿＿＿＿、＿＿＿＿＿等灾备技术。 　　在设计方案过程中，我们从＿＿＿＿、＿＿＿＿＿、＿＿＿＿＿等方面考虑并选择建设地址；从＿＿＿＿、＿＿＿＿、＿＿＿＿等方面对基础建设进行规划；采用＿＿＿＿、＿＿＿＿、＿＿＿＿等方式对网络线路进行备份；采用＿＿＿＿、＿＿＿＿、＿＿＿＿等措施对数据进行备份与恢复。 　　项目部署该方案后，项目在＿＿＿＿、＿＿＿＿、＿＿＿＿等方面极大地满足了用户的需求。 （约 150 字）
该项目由于＿＿＿＿、＿＿＿＿原因，在项目设计和实施过程中出现了＿＿＿＿、＿＿＿＿、＿＿＿＿问题。在项目（后期/运维/二期）中，可以考虑通过＿＿＿＿、＿＿＿＿、＿＿＿＿手段来解决。 （约 80 字）

（2）正文（2200 字左右）。

1）背景（500 字左右）。

　　1. 介绍数据灾备项目的基本信息（大环境、项目内容、金额、干系人、工期等）。
　　2. 介绍数据灾备项目的构成（简述各子项目的特点、特性、功能）。

> 3．介绍数据灾备项目的团队组成（人员组成、个人角色）。
>
> *注：该部分应该比摘要的第一段更详细；注意写近三年的项目。*

2）论点论据（1500 字左右）。

> 叙述以下数据灾备中常用的技术：
> 1．数据灾备的标准
> 2．网络存储与备份
> 3．软硬件配置与设备
> 4．异地灾备中心建设
> 5．数据备份技术
> ……
>
> *注：前 1～5 点的技术均应在正文中提及，并且每个点应作简要叙述。*
>
> 分析_____数据灾备项目的特点，我们量身定制了该项目的具体数据灾备方案。方案主要内容如下：
> 1．灾备方案需求
> 2．建设地址的选择
> 3．基础建设的要求
> 4．网络线路的备份
> 5．数据备份与恢复
> 6．数据存储系统的建设
> ……
>
> *注：前 1～6 点的方案内容均应在正文中提及，并且应在 1～6 点中挑选 3～4 点进行详细阐述。*

3）收尾（200 字左右）。

> 通过全面细致的设计，_____数据灾备项目取得了_____、_____、_____等积极的效果，并在_____、_____方面达到了预期，得到了_____、_____的认可（一致好评）。
>
> 但是，在项目实施过程和进度安排中发现了很多的不足，具体如下：
> 1．阐述不足。
> 2．对上述不足给出未来计划解决的思路。

第3章 真实范文点评

本章中,我们挑选了两篇范文,并对其摘要、正文(包含项目背景介绍、技术阐述、题目问题回答、收尾等部分)进行一一点评。

3.1 论面向对象设计方法及其应用

系统设计是根据系统分析的结果,运用系统科学的思想和方法,设计出能满足用户所要求的目标(或目的)系统的过程。面向对象设计方法是一种接近现实世界的系统设计方法。在该方法中,数据结构和在数据结构上定义的操作算法封装在一个对象之中。

请围绕"面向对象设计方法及其应用"论题,依次从以下三个方面进行论述。
1. 概要叙述你参与管理和开发的软件项目以及你在其中所承担的主要工作。
2. 面向对象设计方法包含多种设计原则,请简要描述其中的三种设计原则。
3. 具体阐述你参与管理和开发的项目是如何遵循这三种设计原则进行信息系统设计的。

摘要	
本文以我参与的某公司"酒业上云"项目为例,论述了面向对象的设计方法及应用。该项目的目标是构建以某酒厂生产的白酒产品为主的电子商城,实现该白酒厂商的线下营销转型为在线营销的战略目标,包括线上采购、秒杀、支付、线下原厂配送、防伪溯源等一系列电子商务功能。在此项目中,我作为系统分析师及主要管理人员,主导了该项目的系统分析和设计等工作。我在项目中根据系统的特点,因地制宜地实施了面向对象的软件设计方法,遵从面向对象设计的主要原则,例如单	摘要部分简要介绍了项目的背景、目标、功能,交代自己是以什么身份参与到了该项目中,在该项目中运用了什么样的思想、技术、

一职责原则、依赖倒置原则、里氏替换原则等，对复杂的分析模型进行设计建模，实现了业务模块间的松耦合、高稳定性和高扩展性，并绘制了完整的"4+1"视图，有效指导了整个项目的开发活动，保证了业主方对于项目各项功能和质量指标的实现，项目取得了成功。	方法、理论，来有效帮助项目取得成功
正文 　　近十几年来，随着互联网技术的发展和应用的深入，我国的电子商务事业发展迅速，和我们的日常生活越来越息息相关，因此也得到了越来越多企业的重视。2022年下半年，某著名酒业公司决定发展电子商城及线上促销业务，发起了"酒业上云"项目，实现线上采购、秒杀、支付、线下原厂配送、防伪溯源等电子商务功能。该项目投资3000万元，计划6个月完成，并对项目进行了公开招标，我公司成功中标。为此2022年10月，我作为该项目的系统分析师，全面负责"酒业上云"项目的分析设计工作，并在项目中采用了面向对象的软件设计方法，得到了项目组成员和公司高层的认可。下面重点阐述我在本项目中实践面向对象的软件设计的三个原则。	文章开头更详细地描述了项目的背景，项目的起因，以及大致的计划，总体功能等。"我"以什么样的身份加入该项目，并利用了题目中给出的方法、技术等，来引出主题。这段正面回应了题目中的问题1
面向对象的设计原则包含多种原则，其中的单一职责原则、依赖倒置原则、里氏替换原则是比较常用的原则。单一职责原则（Single Responsibility Principle，SRP）：就一个类而言，应该仅有一个引起它变化的原因。即当需要修改某个类的时候原因有且只有一个，让一个类只做一种类型责任。依赖倒置原则（Dependence Inversion Principle，DIP）：抽象不应该依赖于细节，细节应该依赖于抽象。即高层模块不应该依赖于低层模块，二者都应该依赖于抽象。里氏替换原则（Liskov Substitution Principle，LSP）：子类型必须能够替换掉它们的基类型。即在任何父类可以出现的地方，都可以用子类的实例来赋值给父类的引用。当一个子类的实例应该能够替换任何其超类的实例时，它们之间才是一个is-a（表示子类和父类之间的继承关系）关系。在分析和设计"酒业上云"系统时，需要综合采用多种不同的面向对象设计原则，来应对系统各方面的需求。	从整体上描述面向对象的设计原则，然后分述了单一职责原则、依赖倒置原则、里氏替换原则，三个原则的定义无误，回答正确，回应了题目的问题2
在项目之初，我充分认识到该项目的特点和挑战：由于业主方是一个广受欢迎的白酒品牌，可以预见到电子商城APP一旦发布，会引来大量用户的广泛关注，因此业主方要求软件功能必须满足线上下单、支付、物流、溯源、防伪等多种完整的业务链功能。由于业务流程较长，涉及单位多，各类功能繁杂，关系到金融体系及风险，所以在设计时必须保持严谨、正确、科学的设计方法，才能对项目的功能和质量目标起到保障作用。因此我决定运用面向对象的设计方法，遵从单一职责原则、依赖倒置原则、里氏替换原则，力争实现项目的功能需求可变性、系统可	结合项目实际情况，分析项目的特点，论述项目因为存在什么样的特点，所以需要选择遵循单一职责、依赖倒置、里氏替换三个原则，才能对项目有实质

扩展性、可修改性等。下文将详细阐述该项目中如何实施面向对象的设计实践。	性的帮助
一、遵从单一职责原则，对系统进行建模。 　　在项目前期阶段，项目组针对项目需求进行建模，得到了顶层架构图、用例与用例图、领域概念模型等。为了更好地实现用例，我带领项目组一起针对用例及概念模型，识别出大量的边界类、实体类、控制类。按照单一职责原则，每一个类只设计代表一种实体、一种边界元素或一种控制逻辑。例如在最核心的电子商城系统中，边界类有购物车、商品信息展示、订单下单控件等；实体类有用户、商品、订单等。为了更好地处理实体类，我们新增了大量的业务控制类，比如浏览商品、创建订单、支付订单等。在系统的最底层，每个类都只代表一种事务，因此很容易识别出全面、所有、完整的类，为之后的交互建模打下了良好的基础。	分论点1，对单一职责原则进行详细的理论描述，用比较大的篇幅来描述实际应用。然后要从项目出发，哪个模块完成什么业务，如何进一步拆分模块，成为一个个的类，最后对类进行划分并归类
二、遵从依赖倒置原则，对业务进行解耦。 　　在控制类中，对业务逻辑进行建模和实现的，往往操作的是实体类。而实体类恰恰又反映了系统的底层细节，所以根据依赖倒置原则，我们要解耦控制类和实体类之间的耦合关系，避免实体类有修改时导致控制类也需要进行修改。我们把底层的实体类操作抽取出接口（interface），在接口中定义业务某种行为，然后采用实现类来实现该接口。系统控制类设计中，仅仅了解和确定接口的存在以及意义，并针对接口编程，无需具体给出底层的实现。这样有效地隔绝了上层业务逻辑和底层实现，既达到了解耦目的，又提升了系统稳定性。例如在商城系统中，由于商品的类型是多种多样的，所以其对应的具体实体类也是有很多的。例如散酒类、盒装类、整箱类，它们下单、库存校验、余额结算都互不一样。如果把这些实体类都直接由控制类所操作，势必会引起业务逻辑的繁杂，带来低扩展性和低维护性。于是我们定义了很多操作接口，来代表对每个实体类的操作。例如商品下单、商品库存校验、商品余额结算等。再由另外的接口实现类来分别实现对不同商品的下单、库存校验、余额结算等逻辑。这样上层业务在做"支付功能"时，只需要针对接口做业务编程，依次访问商品下单、库存校验、余额结算等接口，而无须关注底层如何实现。这样每层逻辑泾渭分明，解耦清晰，达到了很高的可修改性和扩展性。	分论点2，对依赖倒置原则进行详细的理论描述，用比较大的篇幅来描述实际应用。从项目实际出发，描述项目有哪些繁杂的类，类之间的交互有多么烦琐，提出需要解耦的技术需求，于是接着描述如何运用依赖倒置原则进行解耦这些实际的类
三、遵从里氏替换原则，实现业务逻辑的复用。 　　在软件系统中，各种实体之间都会有各种关系，比如继承能够得到"is-a"的关系。梳理这样的关系有助于我们识别出完整的实体类家族。	分论点3，对里氏替换原则进行详

例如商城系统中，用户分为未登录用户、普通用户、VIP 用户、企业用户等，其权限也是不同的。我们对这些用户进行关系建模，抽象出一个"用户类"作为父类，在处理用户的通用控制类中，它能够代表所有类型的用户。例如在通用控制类"用户登录""修改用户信息""用户查询"中，面向抽象用户进行建模设计，能够对所有类型的用户一视同仁，也因此达到了对所有用户类型实现通用业务需求。在业务控制类中，所有的抽象用户的引用都可以替换成具体的用户引用，而无须修改业务逻辑，达到了很高的业务逻辑复用的目的，为系统的构件化打下了基础。	细的理论描述，用比较大的篇幅来描述该原则的实际应用。描述项目中可以抽象出父类的都有哪些类。然后抽象出公共的父类之后，达到了什么样的效果
综合运用上述三种设计原则，我们运用"4+1"视图来整理所有建模，并绘制出 UML 图。在技术支撑方面，我们采用了 Web 系统分层设计，采用 Spring 容器为基础的微服务，来运行所有的边界类、实体类和控制类，处理所有的业务逻辑。在各业务模块之间采用 RabbitMQ 来实现异步队列，进一步提高应用层性能；在数据存储层采用 MySQL 来构建高可用集群，采用 MyBatis 作为访问组件，保障了系统性能指标。	附加段，描述设计的实现方式，以及系统级的详细实现。本段是选择性的。如果前边文字比较多，则可以省略本段
得益于面向对象设计方法的实施，以及遵从面向对象设计原则，在面对多变的、纷繁复杂的需求时，我们得心应手，应对自如。因此，项目开发也非常顺利。经过全体成员历时 6 个月的艰苦奋战，我们按期完成了项目目标，并于 2023 年 4 月 1 日试运行及验收测试，系统于 5 月 1 日正式全面运营，且第一次秒杀活动系统运行平稳，顺利通过大考。但是项目建设过程中也存在一些不足，由于疫情的原因很多同事无法现场办公，影响了沟通的效率。我们采取了视频电话+邮件确认的制度，保证每个同事的信息共享，解决了信息传达的问题。所以，面向对象设计方法是现代软件建设的重要方法，它关系着一个项目的成败。我会继续提升系统设计技术，使得水平能力更上一层楼。	描述实施面向对象设计方法之后的效果，项目的后续开展情况。列举了项目中一些微小的瑕疵并给出了很好的解决方法。然后给出结论和点题，回应了题目的问题 3

范文点评：

优点：

文章整体架构完整，分段清晰，段与段之间过渡很好，而且对设计方法的实践也写得比较具体，能够看出作者是有一定的实际项目经验的。

文章无论是摘要、正文、结尾，还是回应子问题的关键语句，都放在了很明显的地方，例如段落的首句，理论实践的副标题等，这些得分点能让阅卷老师很容易找到。

文章结构完整，条理清晰，在描述实践的同时，又结合了理论，能够让阅卷老师认为文章作者有一定的文档编写经验。附加段又展示了一个高级工程师的技术广度，可谓锦上添花。

缺点：

文章总体来看没什么重大缺陷，但也没有突出的亮点。

3.2 论原型法及其在信息系统开发中的应用

作为一种信息系统开发方法，原型法（Prototyping）被普遍使用，原型法是指在获取一组基本的需求定义后，利用可视化的开发工具，快速建立一个目标系统的初始版本，并交由用户试用，并根据用户反馈进行补充和修改，再形成新的版本。反复进行这个过程，直到得出系统的"精确解"，即用户满意为止。

请围绕"原型法及其在信息系统开发中的应用"论题，依次从以下三个方面进行论述。
1. 概要叙述你参与管理和开发的软件项目以及你在其中所承担的主要工作。
2. 请简要描述原型法的开发过程。
3. 具体阐述你参与管理和开发的项目是如何基于原型法进行信息系统开发的。

摘要 本文以我参与的某公司"酒业上云"项目为例，论述了原型法及其在信息系统开发中的应用。该项目的目标是构建以某酒厂生产的白酒产品为主的电子商城，实现该白酒厂的线下营销转型为在线营销的战略目标，包括线上采购、秒杀、支付、线下原厂配送、防伪溯源等一系列电子商务功能。在此项目中，我作为系统分析师及主要管理人员，主导了该项目的系统分析和设计等工作。在项目中我根据系统的特点，因地制宜地实施了原型法开发方法，根据用户初步需求，利用系统开发工具，快速地建立一个系统模型展示给用户；并在此基础上与用户交流；最终实现用户需求的信息系统快速开发。原型有效指导了整个项目的开发活动，保证了业主方对于项目各项功能和质量指标的实现。最终项目取得了成功。	摘要部分简要介绍了该项目的背景、目标、功能，交代自己是以什么身份参与到了该项目中，在该项目中运用了什么样的思想、技术、方法、理论，来有效帮助项目取得成功
正文 近年来，随着互联网科技的发展，中国电子商务发展迅速，变得和我们日常生活息息相关，也受到了越来越多企业的关注。2022年下半年，某著名酒业公司决定发展电子商城及线上促销业务，发起了"酒业上云项目"，实现线上采购、秒杀、支付、线下原厂配送、防伪溯源等电子商务功能。该项目投资3000万元，计划6个月完成，并对项目进行了公开招标，我公司成功中标。为此2022年10月，我作为该项目的系统分析师，全面负责"酒业上云"项目的分析设计工作，并在项目中采用了原型化开发方法，得到了项目组成员和公司高层的认可。下面重点阐述我在本项目中实践原型化开发方法的详细过程。	从更高的层次上，描述了项目的背景，项目的起因，以及大致的计划，总体功能等。"我"以什么样的身份加入该项目。本段采用了命题中给出的方法、技术等来引出主题。本段回应了题目中的问题1

软件系统开发中，原型是系统的一个早期可运行的版本，它反映最终系统的部分重要特性。如何在获得一组基本需求说明后，通过快速分析构造出一个满足用户的基本要求的小型系统；这样可以使得用户可在试用原型系统的过程中得到亲身感受和受到启发，做出反应和评价；然后开发者根据用户的意见对原型加以改进。随着不断试验、纠错、使用、评价和修改，获得新的原型版本，如此周而复始，逐步减少分析和通信中的误解，弥补不足之处，进一步确定各种需求细节，适应需求的变更，从而提高最终产品的质量。原型法开发方法可以分为五个过程：确定用户基本需求、设计系统初始原型、试用和评价原型、修正和完善原型、整理原型和提供文档。	从整体上描述原型开发方法的概念，在最后引出原型法开发方法的五个主要过程。本段回应了题目的问题2
在项目之初，我充分认识到该项目的特点和挑战：由于业主方是一个广受欢迎的白酒品牌，可以预见到电子商城 APP 一旦发布，会引来海量用户的广泛关注，因此业主方要求软件功能必须满足线上下单、支付、物流、溯源、防伪等多种完整业务链功能。由于业务流程链路长，涉及单位多，功能种类繁杂，关系到金融体系及风险，更重要的是业主方对于软件的需求细节未能确定，而项目时间又非常紧，所以我们必须采取正确、科学的开发方法，才能对项目的开发计划起到保障作用。因此我决定运用原型开发方法，力争使系统开发的周期缩短、降低成本和风险、产生较高的开发效益。下文将从原型开发方法的五个阶段，来分别详细阐述该项目中如何实施原型开发方法。	回到项目，分析项目的特点，论述项目因为存在什么样的特点，推论出需要选择什么样的开发方法，发挥该开发方法的特点，才能对项目有决定性帮助
一、确定用户基本需求。 本阶段的工作是在系统分析师和用户的紧密配合下，快速确定系统的基本需求。在跟业主方的前期需求研讨中，业主方只定义了基本需求，例如线上交易模块需要满足用户的商品浏览、商品下单。但业主方只描述了整个流程，并未对流程细节、用户界面、数据流定义等做出具体描述。因此在这一阶段无法提供正式的需求文档，只能用初步需求文档来代替，记载业主方的基本需求。在初步需求文档中，我们暂以文字描述、手工画图、列表等形式，录入业主方所有的诉求，为接下来的初始原型设计收集材料。	原型化开发方法的第一个阶段是进行概念描述和实践过程
二、设计系统初始原型。 本阶段的工作是在快速分析的基础上，根据基本需求，尽快实现一个可运行的系统。在收集到基本需求后，我们就着手开始快速进行需求分析。我们公司曾多次承接商城及支付等系统的开发工作，积累了很多可参照的例子。虽然这次业主方的基本需求描述很模糊，但跟我们曾经开发过的项目都很相似，因此我们决定采用集成和复用原则，尽可能采	原型化开发方法的第二个阶段是进行概念描述和实践过程。这段是可以写很多内容的，可以把项

用已有系统的设计和模型来构建这次的原型。例如我们可以复用之前项目设计的商城用户界面、订单界面、下单流程、支付流程等，将这些子模块屏蔽了外部系统的依赖关系，并可以独立部署运行。这样也可以兼顾另一个原则：最小系统原则，即耗资一般不超过总投资的 10%。因此以最小代价快速产生一个原型系统，有利于推动用户确认各项细节。	目中的各个模块都拿出来写一写，具体阐述如何复用之前类似项目中的相似模块
三、试用和评价原型。 　　本阶段的工作是，用户在开发人员的协助下试用原型，根据实际运行情况，评价系统的优点和不足，指出存在的问题，进一步明确用户需求，提出修改意见。在准备好原型系统后，我们约了业主方一起进行原型试用。在会议上实际运行了原型系统，以模拟数据向业主方展示了商品浏览、商品下单、用户支付、支付确认、发货、收货等流程。业主方现场观看并亲自试用了各种操作流程和界面，对之前模糊的产品定义一下子清晰明确，包括未能考虑的各种细节都展示在眼前，对原型系统非常认可。但也指出了一些不足，比如他们要在商品浏览和收货时展现溯源信息，并提供溯源确认，这是业主方出于对自己白酒品牌的防伪保护做出的措施，是一个核心功能。因此我们重点记录需要修改及完善的内容，产生更详细的需求文档，作为后面阶段的系统开发依据。	原型开发方法的第三个阶段是进行概念描述和实践过程。重点要强调业主方给出了什么样的评价，作为下一个阶段开发的依据
四、修正和完善原型。 　　本阶段的工作是，根据修改意见和新的需求进行修改。根据更新的需求文档，我们将需求进行分类和排序，形成了迭代开发计划。得益于采用了原型法，所以真正的开发工作并不多，只需要补足业主方要求的溯源功能、接入外部银行、物流等外部系统即可。这样可以用最小的工作量，获得较高的开发收益。每一次版本发布，都会邀请业主方来参与试用，并提出新的建议和意见。该项目经过五次大的版本迭代，最终使得业主方认可了该系统的全部功能。	原型开发方法的第四个阶段是进行概念描述和实践过程。本段只需要描述原型需要完善的部分即可。 　　建议文章中慎用"最"字
五、整理原型和提供文档。 　　本阶段的工作是，当所有功能都获得业主方认可，那么就进入了交付阶段。在这个阶段要补足所有的开发文档和用户手册。由于该项目涉及多个子系统，系统交付涉及运维、市场、产品、客服等 12 个团队，因此系统交接和文档整理是相当繁杂的。因此我们项目组的所有人员分头编写和完善文档，比如操作手册、部署手册、运维文档、需求文档、开发文档、测试案例文档以及相关流程培训等，为最后的验收工作打下了坚实基础。	原型开发方法的第五个阶段是进行概念描述和实践过程。交代一下你需要给业主方提供什么样的文档
得益于原型开发方法的实施，在业主方需求不明确的情况下，我们通过原型的迭代，一步步推动了各项需求不断确定，项目开发非常顺利。	描述实施原型开发方法的效果、项目

经过全体成员历时 5 个月的艰苦奋战，我们提前完成了项目目标，并于 2023 年 4 月 1 日试运行及验收测试，于 5 月 1 日正式全面运营，第一次秒杀促销活动期间系统运行平稳，顺利通过大考。但是项目建设过程中也存在一些不足，由于疫情的原因很多同事无法现场办公，影响了沟通的效率。我们采取了"视频电话+邮件确认"的制度，保证每个同事的信息共享，解决了信息传达的问题。原型化开发方法是项目需求不明确时提出的一个开发思路，有其存在的特殊合理性，因而选用正确的开发方法关系着一个项目的成败。我会继续提升系统分析能力，期望在之后的项目里发挥更大的作用。

的后续开展情况、一些微小的瑕疵并很好地解决，然后给出结论和点题。本段回应了题目的问题 3

范文点评：

优点：

文章整体架构完整，分段清晰，对原型开发方法的概念和过程都描述得比较详细，因此能够看出作者在使用原型开发上的理论和实践经验。

文章无论是摘要、正文、结尾，还是回应子问题的关键语句，都放在了很明显的地方，例如段落的首句、理论实践的副标题等，这些得分点能让阅卷老师很容易找到。

文章结构完整，条理清晰，理论和实践相结合，能够让阅卷老师相信文章作者有着较为丰富的项目设计和开发经验。

缺点：

文章总体来看没有重大缺陷，但也缺乏亮点。文章作者缺少一些具体技术的应用来展现项目技术实际应用情况。

3.3 论数据库集群技术及应用

随着经济的高速发展，企业的用户数量、数据量呈爆炸式增长，对数据库管理提出了严峻的考验。数据库系统是大多数商业信息系统的核心，因此除了业务逻辑之外，企业对数据库系统的性能、数据可靠性和服务可用性都提出了较高要求。为满足企业用户的实际需求，近年来数据库集群技术出现了飞速发展。

按照数据库集群的架构可分为共享磁盘型和非共享磁盘型数据库集群。不同的数据库产品采用了不同数据同步机制，各具特色，可满足不同类型的应用需求。业务在实现信息系统时，需要根据数据管理的实际需求，选择合适的数据库集群产品。

请围绕"数据库集群技术及应用"论题，依次从以下三个方面进行论述。

1. 概要叙述你参与实施的软件项目以及你在其中所承担的主要工作。
2. 请说明你所参与的软件项目对数据管理的需求，结合数据库集群技术的特点，论述你是如何应用数据库集群技术或设计数据库集群系统的。

3. 简要说明数据库集群产品的应用效果及存在的问题。

摘要 　　本文以我参与的某公司"酒业上云"项目为例，论述了数据库集群技术及应用。该项目的目标是构建销售以某酒厂生产的白酒产品为主的电子商城。实现该白酒厂商线下营销转型为在线营销的战略目标，包括线上抢购、支付、线下原厂配送、防伪溯源等一系列电子商务功能。在此项目中，我作为系统分析师及主要管理人员，主导了该项目的系统分析和设计等工作。在项目系统的存储层因地制宜地实施了数据库集群技术。项目以主从复制、读写分离为基础，设计分库分表的应用方法，架设分片透明性的代理组件，构建出一整套高容量数据库集群。实现了存储层的高性能和高可用性，为系统整体达到高性能、高并发、分布式设计等特点奠定了基础。保证了业主方对于项目各项功能和质量指标的实现，项目最终取得了成功。	摘要部分简要介绍了该项目的背景、目标、功能；交代了自己是以什么身份参与到了该项目中；在该项目中运用了什么思想、技术、方法、理论来有效帮助项目取得成功
正文 　　近年来，随着互联网科技的发展，中国电子商务发展迅速，变得和我们日常生活息息相关，也受到了越来越多企业的关注。2022年下半年，某著名酒业公司决定发展电子商城及线上促销业务，发起了"酒业上云"项目，实现线上抢购、支付、线下原厂配送、防伪溯源等电子商务功能。该项目投资3000万元，计划6个月完成，并对项目进行了公开招标，我公司成功中标。为此2022年10月，我作为该项目的系统分析师和系统架构师，全面负责"酒业上云"项目的分析、设计工作，根据项目对于性能和容量的要求，在项目中采用了数据库集群技术，得到了项目组成员和公司高层的认可。下面重点阐述我在本项目中实践数据库集群技术的详细过程。	从更高的层次上，描述了项目的背景、项目的起因、大致的计划，以及总体功能等。描述了自己以什么样的身份加入该项目。运用了命题中给出的方法、技术等来引出主题。这里回应了子问题1
在非共享磁盘型数据库集群技术中，比较常用的集群架构方式有以下两种： 　　（1）主从集群。 　　在该集群中，将两个或多个集群以"主-从"的角色组合在一起，通过某种日志复制方式进行数据同步，成为数据库主从集群。对数据进行读写操作时，只发生在主库，而数据的更新实时同步到备用库，从而保持主备一致。这样的集群拥有高可用特性，即当主库发生故障时，备用库可以立即成为新的主库，继续提供数据读写服务。在实际应用中，主从集群以"读写分离"作为常用的使用方式，即数据更新操作只发生在主库，而备用库只承担数据的读操作。	从整体上描述了数据库集群的概念，引出三种具体的实现手段。这里回应了子问题2

（2）分库分表集群。

将数据按一定规则划分成多个子集,每个子集由单独的数据库来承担,从而形成由多个数据库组成的分布式数据库。常见的数据分布方式有水平分区、垂直分区。无论哪种集群架构方式,对应用层都应保持透明,因此需要架设具备提供分片透明性的代理组件,使得应用层访问数据库时就像使用单台数据库一样简便。

在实际应用时,则需要系统分析师根据项目特点,针对每种架构方案做严密的论证和选择。在项目之初,我充分分析了该项目的特点和可能的挑战。由于业主方的品牌是一个广受欢迎的白酒品牌,可以预见到电子商城 APP 一旦发布,会引来海量用户的广泛关注。因此业主方要求软件功能必须满足线上下单、支付、物流、溯源、防伪等多种完整业务链功能。由于业务数据分类比较多,规模比较大,更重要的是业主方要求系统支持实现大并发特性,来满足未来的秒杀促销活动,因此对系统性能方面有极高的要求。所以我们必须对系统的每一层进行严格选型和架构设计,才能保障项目的高性能。因此我决定在数据存储层运用以 MySQL 为基础的组件来实践数据库集群技术,综合选用主从复制、分库分表的架构方案,力争使系统存储层消除数据读写瓶颈,达到数据服务的高性能和可用性,奠定整个系统性能的坚实基础。在数据访问层选用 Sharding-Proxy 开源组件架设代理服务,实现分布式集群的分片透明性。下文将详细阐述该项目中如何实施数据库集群技术。

> 回到项目,分析项目的特点,推论出在存储层需要如何选型和设计,来满足项目的所有非功能质量属性

一、以主从集群方式实现数据库高可用特性。

项目中的订单数据是整个系统最重要的数据。订单记载了用户信息、订单金额、商品、订单状态等核心业务数据。因此为了保证订单数据存储的可靠性和可用性,我们选用 1 主 1 备的 MySQL 主从结构,来实现订单数据的主备存储。在实际项目中,我们分析业务发现主备数据之间需要保持强一致性,从而避免备库尚未同步到最新数据前,主库发生不可恢复的异常,导致出现数据丢失的风险。在 MySQL 支持的三个同步模式中,半同步模式是我们最佳的选择,它需要等待数据同步到一个备库后（不会等待备库提交到存储引擎）,才在主库提交并返回客户端操作完成,所以这个模式保证了存储两份数据的同时,兼顾了性能开销成本。另外,为了实现主从切换自动化,我们编写了切换脚本,并能够在检测到主库异常时自动执行,实现了主库异常时在 10 秒内自动切换到备库,提升了可用性,降低了人工操作的成本。主从复制的数据库架构提供了我们实现读写分离的基础,我们将主库承担数据更新的操作,而备库承担数据读操作,这种读写分摊的方式提升了系统的请求处

> 论述分论点 1。对于系统的可用性和可靠性,选用主从集群的具体实现方案,并描述这种方案如何满足可用性和可靠性,在实际操作中部署了怎样的主从结构

理能力，也提升了1主1备结构的硬件利用率，从而降低了总成本。

二、分库分表设计提升了存储容量。 　　上文主从结构的设计，主要解决了存储的可靠性和可用性，而对于系统的并发存储能力和存储容量则需要采用分库分表设计。实现分库分表的重要前提是对存储的数据进行合理的分区。垂直分区很容易根据业务数据类型来划分成不同的数据表，而水平分区则需要处理棘手的热点均衡的问题。水平分区有三种方法：范围分区、枚举分区、hash 分区。保证热点均衡的是采用 hash 分区。因此我们对访问频度最高的订单数据进行 hash 分区，将订单的关键数据进行 hash 运算，得出一个能保证随机的长整型数值；然后，将该值和分区数进行取模，得到的结果即表示该订单应该存放到哪个分区。我们针对系统的每日订单量和未来发展，经过严密的容量规划和计算，决定用 16 个存储节点来承担订单数据的分区存储，且每一个存储节点都采用主从结构。综合使用主从复制和分库分表，既保证了系统的访问性能要求，也保证了数据存储的可用性和可靠性。	论述分论点2。为保证系统的容量和并发度，选用分库分表的具体实现方案，并描述实际操作中如何发挥分库分表的优点，如何避免分库分表的缺点
三、架构代理服务解决透明性问题。 　　数据库集群的使用给系统底层存储带来了优良特性。但问题是应用层代码需要与复杂的底层数据库集群直接对接。为了解耦两者的关系，就需要中间架设代理服务，向上层应用代码屏蔽底层的异构性，就像使用单台数据库一样简便，这就是分片透明性。我们经过严格考查和测试，选用了开源组件 Sharding-Proxy 作为基础，搭建代理集群，并配置好分库分表的路由规则。应用层向代理集群中任意一个节点提交 SQL 语句，该节点经过 hash 取模判断数据的存储节点，并自动转发 SQL 语句，收集 SQL 执行结果给应用层。由于代理服务的存在，使得应用层订单模块的开发人员只需要关注业务逻辑，无须关心存储细节，极大地解耦了应用层和存储层的联系。	论述分论点3。需要解决分库分表带来的一个重要的缺点。描述代理服务是如何解决该缺点的
由于存储层采用了数据库集群技术的实施，保障了系统性能，项目顺利通过压力测试和验收测试。经过全体成员历时 5 个月的艰苦奋战，我们提前达成了项目指标，并于 2023 年 4 月 1 日试运行及验收测试，于 5 月 1 日正式全面运营。第一次秒杀促销活动期间，系统运行平稳，顺利通过实际验收。但是项目建设过程中也存在一些不足，由于疫情的原因很多同事无法现场办公，影响了沟通的效率。我们采取了"视频电话+邮件确认"的制度，保证每个同事的信息共享，解决了信息传达的问题。存储层数据库集群技术的应用是否适当，关系着一个项目的性能是否达标。我会继续提升系统分析能力，在以后的项目里能发挥更大的作用。	描述实施数据库集群的效果，项目的后续开展情况，出现的一些实际问题以及解决方法。文章最后给出了结论并再次点题。本段落回应了子问题3

范文点评：

优点：

文章整体架构完整，分段清晰，对数据库集群技术的概念和过程都描述得比较详细，理论部分和实践部分占比合理，对题目中的各项要求都给予了回应。从具体的技术描述上，能够看出作者的数据库集群应用与实践经验。属于一篇优秀论文。

文章无论是摘要、正文、结尾，还是回应子问题的关键语句，都放在了很明显的位置，例如段落的首句，理论实践的副标题等，让阅卷老师很容易找到。文章结构完整，条理清晰，理论和实践相结合，能够让阅卷老师相信该文章的作者有着较为丰富的项目设计和开发经验。

缺点：

文章正文字数超过了 2500 字，再加上摘要的 300 多字，在实际考试中有写不完的可能。此外，文章的一些语句还欠通顺。

第 4 章
高分范文欣赏

本章节针对常考、常见的论文题，给出了一些范文仅用于参考。要注意的是，范文只适合用于帮助大家打开写作思路，并不能作为素材直接用于平时练习、考试中。**而考试中直接使用范文的素材，会有被认定为雷同卷的风险。**

4.1 论面向对象设计方法及其应用

摘要

2022 年 5 月，我参加了某市城市职业建设学院教学与信息化应用系统建设项目的建设，在该项目中我担任系统分析师。该项目合同金额为 452.6 万元，建设工期为 6 个月，项目建设内容包含新建 4 个特色的智慧实训室以及集成融合改造 5 个原有子系统等。系统设计是开发过程中的重要一环，关系到后续开发工作是否顺利、需求是否能达成，面向对象的设计方法则是我们最常用的设计方法。本文结合我的实践，以该系统设计为例，讨论面向对象设计方法必须遵循的常见设计原则，如单一职责原则、依赖倒置原则和开闭原则等。在整个系统开发过程中，我们依照单一职责原则简化了构件库，依照依赖倒置原则开发了公共接口，依照开闭原则修改产生新构件。通过面向对象设计的方法保障了系统开发过程平稳，最终顺利上线，获得各方用户一致好评。

正文

近年来，全国各地掀起了高校合并的浪潮。2021 年年底，某市城市职业建设学院与另外两所大、中专院校合并，共建一所示范性专科职业学院。合并之后，不论教学场地设备还是师资、生源规模都大幅提升，在职业教育行业内地位也快速提高。但是合并带来了另外的难题，校园分为多个园区，办公管理十分不便，师生学习交流也困难。于是在 2022 年 5 月学院就教学与信息化应用系统建设项目进行了公开招标，我司由于资质优势顺利中标，中标价为 452.6 万元，建设工期为 6 个月。随后由我作为该项目的系统分析师，负责整个系统的需求调研、系统分析和技术指导工作。

融合改造原有的办公子系统、教务子系统、学工子系统、招生子系统和消费管理子系统等，并新建 4 个特色的智慧实训室，结合企业、行业标准培训学生技能。系统采用 B/S 模式和 J2EE 分层设计，数据库采用 Oracle 18c 搭建 Active Data Guard 主备集群实现读写分离，以 SOA 架构集成各个子系统。整个系统运行在某市校园网内。由于双方同属国有单位，且业主方各级领导高度关注，不同于一般的商业化系统，必须保证系统设计优秀且易于维护。我们采用了面向对象的设计方法，并遵循了一系列优秀的设计原则，其中主要是以下三个原则：

1. 单一职责原则

单一职责原则是对象不应该承担太多职责，不然一个职责的变化可能会影响这个类实现其他职责的能力，而需要使用这个类的某一个职责时，不得不将其他不需要的职责全部都包含进来，从而造成冗余代码和资源浪费。遵循单一职责原则有降低复杂度、提高可读性和可维护性、降低变更风险等好处。

2. 依赖倒置原则

依赖倒置原则强调抽象不应该依赖于细节，细节应当依赖于抽象。换言之，要针对接口编程，而不是针对实现编程。在引用时尽量引用层次高的抽象层类，例如接口类，而不是引用具体实现的类。如果系统行为发生变化，只需要扩展和修改接口，就可以增加新的功能，而不用触动原有代码。同时，可以单独改动具体实现的类进行优化，而隔离类外的依赖。

3. 开闭原则

开闭原则是指软件应对扩展开放，而对修改关闭。对于已有的软件模块，特别是最重要的抽象层模块不能再修改，这就使变化中的系统有一定的稳定性和延续性，这样的系统同时满足了可复用性与可维护性。

在实际系统开发设计过程中，我们灵活应用了以上三大原则，把代码不断封装和解耦，有效地提高了系统的复用性，同时提高系统的可维护性，很好地支持了本系统的开发，也为后续项目积累了丰富的构件库，打下了坚实的开发基础。具体如下所述。

1. 依照单一职责原则简化了构件库

在长期的系统研发设计过程中，我们积累了大量的构件，因为历史原因，很多构件已经无法很好地区分究竟是通用构件还是特殊领域构件。例如用户登录验证的构件，其中不但封装了用户信息，还封装了加密模块，连短信收发、图形验证码生成的模块也一起封装了进去，导致功能十分繁冗、修改困难，且经常报错。根据单一职责原则我们对该构件库进行了简化，短信收发模块、加解密模块、验证码模块都各自抽离到专门的通用构件库中，只留下纯净的用户验证逻辑代码，经过代码审查和动态测试终于稳定。期间用户要求把图形验证码修改成拖拽方式，我们通过替换图形验证码构件快速地完成了变更，得到了用户的充分肯定。

2. 依照依赖倒置原则开发了公共接口

在几个原有子系统之间，原本就有一些局部的业务调用接口，但是各自的接口定义、调用规则、数据格式都完全不同，要实现完全打通数据、随时增减子系统十分困难。如果我们直接开发新的接口，又很容易被强制依赖关系约束住而失去可修改性。依照依赖倒置原则我们设计了虚拟的接口类，作为所有业务调用接口的公共父类,实际实现的接口类则不予公开。随后我们在接口类和相关构件中实现了一系列的功能如数据转换、消息路由、负载均衡、日志和监控等,最终形成了企业服务总线(ESB),为随时新增子系统实现更多的业务集成提供了基础。

3. 依照开闭原则修改现有构件产生新构件

在系统设计开发过程中,常常会发现现有的构件库中没有完全满足需要的构件,需要修改现有的构件去实现新的功能。但直接修改构件会造成原来调用它的程序出现故障,而普通的复制粘贴方式又会造成大量重复冗余的代码,既不利于测试和维护,也容易与其他代码产生某种未知的联系,破坏构件的封装性。例如本系统需要构件来播放真 3D 的交互课件,但是构件库中的课件播放构件一般都是针对音视频课件,没有合适的 3D 播放构件。我们依照开闭原则即"对扩展开放、对修改关闭"的原则,从原有播放构件继承出新的构件,再进行修改完善,增加 3D 播放和交互功能。经过严格测试后代替原构件实现需要的系统功能,同时加入构件库形成关联的新构件,并编制了相关的索引,以便后期复用。

经过 6 个月紧张的开发测试工作,所有的子系统均于 2022 年 11 月底前上线并通过业主方的正式验收,项目圆满完成。通过本项目建设,实现了三校合并后原有的办公子系统、教务子系统、学工子系统、招生子系统等的融合改造,方便了教职工和学生的学习和生活;建设了 4 间智慧实训室,提供智慧、互动式、情景化、沉浸式的课程教学学习体验,可以定制基于企业工作业务与流程的实战课程,实现精准育人目标,获得各方一致好评。这得力于我们采用了面向对象的设计方法,并遵循了单一职责原则、依赖倒置原则和开闭原则等设计原则。因而系统同时满足了可复用性与可维护性,不但提升了系统的开发效率,降低了故障发生率,还为后续项目积累了丰富的构件库。但在系统安装部署时安装工程师擅自把旧服务器进行虚拟化并入了生产环境,造成了部分子系统不稳定的故障,查找出故障原因并整改花费了一周时间,幸好并未对工期造成影响。技术学无止境,我需要永远虚心学习、不断改革进步。

4.2 论敏捷软件开发方法及其应用

摘要:

2022 年 5 月,我参加了某市人才集团信息化集中项目的建设,在该项目中我担任技术经理。该项目合同金额为 523.5 万元,建设工期为 8 个月,项目建设内容包含新建一个门户网站、新建 4 个子系统以及集成改造 5 个原有子系统等,并提供一年免费运维服务。项目及时上线并尽快迭代更新对于开发团队和用户来说十分重要,而使用敏捷开发方法则可以帮助我们达到目的。本文以该项目开发为例,介绍了敏捷开发方法以人为核心、适应性、迭代、循序渐进等特点,并在实践中采用了敏捷方法中的 Scrum 并列争球法,把项目周期分成了一个个冲刺,取得了良好的效果。从 7 月起集团门户网站上线,随后每个月陆续都有一到两个子系统开发完成并上线,最终于 2022 年底全部上线,试运行一个月后正式通过了业主方的验收,有力支撑了人才集团业务运作。

正文：

近年来，全国各地的事业单位陆续开展事企分离工作，剥离经营行为转制为纯公益事业单位，剥离出的经营部分则转为国营或民营企业。某市人才市场于 2020 年底进行了事企分离，自身由公益二类事业单位转制为公益一类事业单位，其原下属的十几家企业则联合重组了一家人才集团公司整体划转到某市国资委属下作为委管企业。新组建的人才集团由于缺乏与之匹配的信息化管理系统，于 2022 年 5 月就人才集团信息化集中项目进行公开招标，我司由于同属国营企业以较高分数优势顺利中标，中标价为 523.5 万元，项目建设工期为 8 个月。随后我被任命为该项目的技术经理，负责整个系统的设计、开发和测试工作。

系统建设内容包含新建门户网站、在线销售子系统、客户关系管理子系统、运维管理子系统、阳光党建子系统；集成改造原有的 OA 子系统、招聘业务子系统、培训业务子系统、劳务派遣业务子系统、人事代理业务子系统等 5 个子系统，以及提供一年的运维服务。数据库使用 Oracle 12cR2，应用采用 Spring Boot2.1 框架进行开发，使用 SOA 架构集成各已有子系统，使用数据库中间件汇集各子系统的业务数据，整个系统部署在电信天翼云平台上。由于人才集团高层对项目期望很高，双方又同属国营企业，不同于一般的商业项目，必须保证系统及时上线、业务先行。

及时上线交付并在业务运行中迭代更新对于互联网应用的开发具有十分重要的意义，而敏捷开发方法在这方面是得天独厚的。敏捷开发方法强调个体和交互胜过过程和工具、可工作的软件胜过大量的文档、客户合作胜过合同谈判、响应变化胜过遵循计划。现详细介绍其特点如下：

（1）以人为核心。以受到有效激励的个体为核心构造项目，为他们提供所需的环境和支持，信任他们可以把工作做好。为此需要构造敏捷开发项目团队，把直线式管理变为矩阵式管理，打破部门的壁垒，高效沟通。

（2）响应变化，即拥抱变化。项目中唯一不变的就是变化，项目干系人可能无法准确描述需求，政策、环境和流程可能变化，旧设备可能停产，技术也可能随时更新。当变化出现的时候，及时响应和适应才能使成本最小，利益最大。

（3）迭代。通过尽早和持续交付有价值的软件来满足客户，每次交付的周期压缩到一个合理的范围，小步快跑。每次的迭代确保是可以完成的，如果任何成员超负荷工作，那么他的任务将分配给其他团队成员。

（4）循序渐进。在保持项目总目标的基础上，持续地向前推进，确保每个版本的发布都给客户带来增量的价值，集中解决一个或几个问题，暂时忽略当前较难解决的问题，整个开发过程是价值驱动的。开发团队将产品功能作为计划、跟踪和交付的核心单元。

在项目实践中，根据业主方提出的需求：集团官网需要在两个月内先上线；为了减小对业务造成的影响，原有的子系统分段转换成新系统，停止服务不能超过一周。另外原有的子系统大多文档缺失，而在系统调研时，各部门对新系统的意见也不完全一致。项目组在综合讨论之后，我提出采用 Scrum 并列争球法进行系统的开发，列举了其快速适应变化并按时发布、提高测试生产率、降低风险和提升产品质量等优点，得到一致通过。具体开发的实践如下。

一、建立敏捷开发团队，提供敏捷管理工具

在确定了 Scrum 开发方法之后我们建立了自组织、跨职能的开发团队。首先任命了产品部小黄担任产品负责人，他负责制作产品订单，并告诉开发团队他需要完成产品订单中的哪些订单项，开发团队决定在下一次冲刺中他们能够承诺完成多少订单项。随后开发团队推选小李担任了 Scrum 主管，他负责确保 Scrum 过程按照初衷进行，并屏蔽外界对开发团队的干扰。我们还邀请了业主方的项目经理钱工担任"鸡"角色，负责识别和发现开发方向的偏移，并参与冲刺评审的过程。项目管理工具我们采用了国产的管理软件"禅道"，它对 Scrum 敏捷开发提供了良好的支持和管理。小黄在禅道中创建了项目，并对项目进行了分解，一直到订单项。每个订单项我们都指定了唯一的负责人。

二、选择合适的需求来进行冲刺（Sprint）

开发中我们先检查团队人员数量（只包括开发人员不包括测试人员）及熟练程度，然后按任务的优先级从产品订单中领取一个冲刺订单，控制每个冲刺的时间在 2～4 周，在冲刺的过程中，暂时冻结需求，因此既保证了需求的总体可变性，又保障了在一个冲刺周期内的需求稳定性。我们每天举行一个站会，更新冲刺订单的进度，检查项目看板和燃尽图，相互沟通开发的情况和审查反馈以确定项目的未来进展，同时交流开发经验以获得共同的知识积累。冲刺中我们要求每个成员都要保证每天提交的代码可以编译并运行，而不能"冒烟"，并且由开发成员自己先试用，明显的问题先自行纠正处理。在每个冲刺完成之后，开发团队向测试团队和客户进行功能演示，该订单进入测试环节，则开发团队继续领取下一个订单。

三、测试及交付

虽然敏捷开发强调沟通与交互，不强调大量的文档，但是对于测试来说，测试用例文档是必不可少的。配置管理员对每一个需求的版本、提交的订单都会各自定义一个版本流水号，用例的编制和测试过程也是根据版本号进行，所有反馈的 Bug 也按版本号在禅道中记录，由开发团队成员直接领取处理。如果一个订单的测试工作完成，测试团队就会编制测试报告，申请内部验收。多个通过内部验收的订单再由开发团队集成为可部署的子系统，再次进入测试。例如招聘业务子系统由招聘企业用户模块、求职者用户模块、公共查询展示模块等组成，虽然拆分成三个订单，开发时间有先后，但它们业务上是一个整体，必须同时部署上线。子系统内部验收之后再由客户验收，安装部署并交付上线。在上线之前我们做好备份、预演和应急预案，一旦上线失败就退回原有版本，得益于充足的准备，每次上线都很成功。

从 2022 年 7 月起集团门户网站上线，随后每个月陆续都有一到两个子系统开发完成并上线，在 2022 年底完成了门户网站和全部子系统的正式上线，试运行一个月后运行情况非常平稳，最终于 2023 年 1 月正式通过了业主方的验收。该系统整体实现了当初既定目标，以一个统一的业务平台为客户提供各种人力资源服务，达到了整合客户资源、提升客户价值的实效。这得益于我们采用

Scrum 敏捷开发方法,因而实现了业务快速上线、多次迭代,最后完全适应。但是在开发过程中项目组的配置管理员更换了人员,重新进行人员培训和梳理配置库花费了一些时间,幸好过程顺利完成,未对项目工期造成影响。技术学无止境,我需要永远虚心学习、不断改革进步。

4.3 论企业数据治理

摘要:

2022 年 3 月,我作为系统分析师及 IT 负责人,参加了我司的企业级数据平台建设项目,该项目作为我司在企业数字化转型过程中重要的里程碑,在我司数字化运营中扮演着关键的角色。该项目主要包含企业级数据仓库、数据治理、数据建模、OLAP 即席查询与 BI 数据分析展示等模块,旨在为公司打造实时性(Real-time)、按需定制(On-Demand)、全在线(All-online)、自助服务(DIY)以及社交化(Social)的综合数据平台,为公司迈入数字化运营管理打下基础。本文以该项目为例,结合本人项目实践经验,从企业对数据的需求、企业数据治理的痛点、数据平台需达到的目标、数据治理实施的方法三个方面来阐述我对企业数据治理的理解与我司开展数据治理的方法、背景以及实施效果。

正文:

我司作为拥有近 20 年经验的通信工程行业的建设单位,自 2003 年起便开始了企业信息化建设工作。随着云计算、大数据、人工智能、区块链等技术的日渐成熟,我司于 2015 年开启了数字化转型的进程,伴随着传统业务与新业务规模的不断扩张,公司对于数字化运营的诉求也越来越强烈。2022 年 3 月,我作为系统分析师及 IT 团队负责人,正式开始打造企业级数据平台,本项目周期为 1 年,投资金额 500 万元。公司管理层期望通过本项目的建设,规范公司级数据标准、统一数据存储与管理、将数据真正应用于业务过程与经营决策中,为公司数字化运营提供平台支撑。本项目采用目前行业最佳实践 Hadoop 技术生态,通过 Sqoop 对业务数据和文件数据进行抽取;通过 Flume 对系统日志及管理日志进行抽取;采用 Zookeeper 对 ETL 的过程进行统一配置管理;利用 Kafka 消息中间件对数据的生产与消费进行管理;用 HDFS 对数据进行分布式存储;通过 Hive 和 HBase 对数据进行分类和建模;最终通过数据治理 ADS 数据主题层,利用 Kylin 对 ADS 进行 OLAP 即席查询,同时采用 Metabase、Superset 和商用 BI 产品对数据进行分析与展示。

一、企业对数据的需求

近 10 年来,各行各业因国际局势与市场情况等因素发生着剧烈的变化,企业的竞争日趋激烈,自 2013 年以来,我所处的通信工程行业以每年接近 50%的企业淘汰率开启了无情的行业洗牌阶段,规模效应越来越明显,与我司类似的情况公司都面临着生存的压力和增长的挑战。随着利润率越来越低,客户要求越来越高,资金压力越来越大等一系列市场的压力,企业若固守传统的经营理念则注定是死路一条,唯有进行彻底的变革才是生存与发展之道,企业数字化转型应运而生。

以数字世界为视角,企业分为两类,一类是数字原生企业,以 BAT 等互联网公司为代表,另一类是非数字原生企业，以传统行业为代表。企业数字化转型的主力军就是广大的非数字原生企业，我司也是非数字原生企业的典型，是以物理世界为业务开展的核心，认为迈向数字世界的成功关键就在于数据。在目前快速变化的市场格局下，企业在业务开展过程中需要大量的数据进行分析、判断与决策，从量化的角度做出最优的选择才能让企业持续保持核心竞争力，这是企业对数据的基本需求。

同时，在数字化转型过程中，往往还伴随着新的业务拓展，而这些新业务的基础便是数据，这些数据是企业重要的数据资产，将这些数据发挥其价值就能为企业拓展出新的发展道路，这是企业对数据的发展需求。随着企业数字化转型的进程不断推进，各式各样的结构化与非结构化数据源不断地产生，大量的数据资产需要进行管理，这是企业对数据的管理需求。随着数据更多的价值被持续地挖掘，这些有价值的数据将会成为企业的核心资产和竞争资源，这些数据牵扯到商业机密、业务活动与用户隐私，对数据进行安全可靠的管理将成为重中之重，这是企业对数据的安全需求。以上就是基于目前的行业和市场的背景，企业对数据的主要需求。

二、企业数据治理的痛点

在企业数字化转型过程中，信息化系统建设是必备的阶段，这些信息化系统建设往往都是围绕着局部的业务主体进行开展的。例如企业财务系统、ERP 生产资源管理系统、CRM 客户关系管理系统等，然而正是因为信息化系统建设的规划与变化问题，导致各种数据孤岛，财务、人事、运营等数据无法共享，管理层无法得到真实完整的数据从而判断公司的经营情况，更不要提决策支撑了，这是数据孤岛的痛点。

在信息化系统建设过程中，这些系统和应用往往是围绕业务流转为核心，而不是以数据应用为核心，这也直接导致了在数据生产过程中没有相应的标准与规范，导致大量的错误数据、脏数据、重复数据，并且这些数据占比之大，令人咋舌，在真正统计分析时才发现这些数据根本无法利用，即使可以使用，也需要花费大量的人力、物力对数据进行结构化处理和校对，企业真正想利用的数据少得可怜，这就是数据不规范的痛点。

在企业的某些部门，为了汇报材料中的数据，给基层和一线员工派发大量的数据表格要求填写，这些数据表格填报后再层层上报，最终由部分员工花费大量的时间精力进行整理和合并上交给公司进行汇报，给各级员工增加了大量的额外工作量，而这些采集的数据往往需要几周甚至几个月才能最终统计形成，效率极其低下，数据质量也无法考证，这是数据滞后与采集效率低下的痛点。以上数据治理的痛点在企业中普遍存在，如何有效解决这些痛点并满足企业对数据的需求是企业数据治理过程中的关键。

三、数据治理的实施方法

管理大师德鲁克先生提出过，企业的首要职责是创造经济效益，所以企业一定是需要面向业务面向市场的。既然如此，企业数据治理也一定是需要服务于业务和市场的，不能以单纯的技术标准和实施过程为目标。以我司数据治理为例，开展数据治理的首要工作是对企业主线业务进行识别与分析，例如 LTC 线索到现金管理主线，OTD 订单履行交付主线，ISC 采购供应链管理主线等。这些管理主线在企业中天然存在，是企业创造经济效益的血脉，也是数据生产和数据应用的主战场。所以识别企业主线业务并进行分析一定是数据治理的首要工作，其主要目的是确定数据治理的范围与目标。

在确定了数据治理的范围和目标后，需要对各生产数据的信息化系统和数据本身进行调研与分析。这个过程中的关键是按照不同的分类方式对现有数据进行分类，从数据来源对内部数据和外部数据进行识别；从结构化数据的角度对主数据、基础数据、事务数据、报告数据、观测数据、规则数据进行识别；从非结构化数据的角度对文件、图片、声音、视频等进行识别。此阶段的主要目的是按照标准的分类的体现对现有数据进行识别，基本对企业的数据情况有了详细的了解，根据识别的结果对数据治理实施工作进行规划。

接下来就是按照规划有序地开展数据治理实施工作，在这个过程中需要遵循一系列规范准则。对基础数据进行治理时需要以外部协同有效性为准则，例如"国家""货币""税率"等，不要按照企业自己的意愿对数据进行自定义，这样做的结果将会导致在内部和外部数据的交互过程中出现差异。

主数据是企业生产交互的主要对象，针对主数据的治理需要遵从唯一性、联邦管控、单一数据源、数据流程 IT 协同、事前的数据质量策略，其中单一数据源一定是重中之重。

以我司对主数据治理为例，在过程中发现不同的 IT 系统都在生产主数据，例如"客户"主数据，在 CRM 系统中会产生"客户"，在财务系统中也会产生"客户"，这种专科直接导致了在对单一"客户"进行统计时，发生了许多差异，最终导致了统计不准确的结果。发现此类问题后，首先需要对数据的最初来源进行定义。以"客户"为例，其源头一定是从 CRM 中而来，故在数据治理过程中需要对 IT 系统同步进行优化，保证数据的唯一性。其次，为了保证数据治理的有效性，公司需要明确各类数据的责任主体与责任人，我司在数据治理中明确了数据责任人，谁负责的业务板块所生产的数据，谁就对这些数据负责，这些制度的建立也有效地推动了数据治理的过程，提升了数据治理的有效性和质量。

总结

企业数据治理是一项庞大且系统化的工程，并且会伴随着企业的发展而发展。我司企业数据平台建设项目在历时 1 年后，按时且圆满地完成了上线运行工作。在这个过程中，对数据治理的方法探索是项目成功的核心，经过以上对数据需求的分析、对数据痛点的挖掘、对数据治理方法的践行，我司基本完成了数据的实时性（Real-time）、按需定制（On-Demand）、全在线（All-online）、自助服务（DIY）以及社交化（Social），为公司数字化运营打下了坚实的基础。同时，我也深刻地意识到企业数据治理不仅仅只是 IT 单方面的工作，这需要整个企业和广大员工对共同的愿景为之努力并付出，才能够真正地完成企业数据治理的目标，为企业积累核心数据资产，快速响应变化的市场环境，为企业拓展新的发展方向。

4.4 论系统需求分析方法及应用

摘要：

本文以我参与的某清算平台建设项目为例，探讨了项目前期系统需求分析的方法及应用。该项目的目标是将第三方支付公司和银行之间的数据交互隔离并解耦，以利于满足央行对支付数据的风险监控的诉求。该项目存在影响范围广、涉及单位多、性能要求高等难度挑战。在此项目中，我担任了系统分析师及架构师，参与了该项目的需求开发、系统设计和实现等工作。系统需求分析是每个项目顺利展开的基石，开发团队经过详尽的调研和正确的系统分析，对于准确理解用户和项目的功能、性能、可靠性的需求把控具有重要意义。对于可定义的、问题域是有限的、复杂问题可分解的项目，面向结构化的分析方法是需求分析工作的一件利器。基于我们的需求分析，加之项目组执行上的不断努力、用户的全力配合，项目完成非常成功。

正文：

随着电子商务的不断发展，线上支付领域在最近十年获得了爆发式增长，尤其是微信支付、支付宝两大巨头的出现，深刻影响了人们的移动支付方式。"双 11""618"、春节红包等高峰场景的出现，标志着互联网支付领域已成为代表中国互联网发展规模的典型代表。各支付公司为了发展代扣用户银行账户余额的业务，几乎接入了每一家大大小小的银行。支付公司和银行之间形成了"网状"的数据通信，引发了央行的持续关注，认为这种"网状"的数据通信不利于资金的监管、风险调控等，进而提出要在支付公司和银行之间设立"某某清算平台"，解耦并隔离银行和支付公司的直接通信，并设立风控机构，以期解决上述提出的各项问题。2023 年 8 月，作为系统分析师及架构师，我有幸参与了这个国家级重点工程，并在项目中实践了系统需求分析的相关方法及应用，得到了项目组成员的认可。下面重点阐述我在本项目中的实践及心得。

网联平台项目是一个涉及众多银行和支付公司的大型国家级重点项目。为了保证需求分析工作的内容完整，避免需求的遗漏，项目组综合采用了多种方式来获取需求。项目组首先通过阅读历史文档、用户访谈、采样、情节串联板等方法整理出一份初步需求列表，并做好 PPT 以及整理好文字材料；然后采用联合需求计划 JRP 会议的方式，邀请央行、银行、支付公司的关键业务代表，聚在一起逐项讨论。经过一周左右的时间，通过高效沟通和讨论，产生了一份 20 多页的需求列表，为以后各方的研发计划协调和系统间联合部署打下了基础。

获取到用户需求之后，项目进入了需求分析阶段。主流需求分析的方法有很多，本文主要介绍以下两种：

（1）面向结构化的分析方法（SA）。

该方法的思想是自顶向下，逐层分解，把一个大问题分解成若干个小问题。经过逐层分解，每个最底层的问题都是足够简单、容易解决的，于是复杂问题也就迎刃而解了。

（2）面向对象的分析方法。

该方法的思想是对问题域进行分析和理解，正确认识其中的事务以及它们之间的关系，找出描述问题域和系统功能所需的类和对象，定义它们的属性和职责，以及它们之间形成的各种联系，例如关联关系、依赖关系等。

到底采用哪一种分析方法，需要看项目具备什么样的特点。网联平台的业务需求有以下几个特点：

（1）虽然涉及的问题域比较广而繁杂，但所有问题都是可定义的、问题域是有限的。例如行业内对于交易记账、对账、清算等做法都是比较统一且成熟的，可以通过有限的步骤将复杂、冗长的问题分解到可解决的程度。

（2）项目组汇聚了来自支付行业的分析师和架构师，对支付领域了解透彻，能够理解问题域的全部，且有能力正确地识别和分解问题。

上述特点正符合面向结构化的分析方法的运用条件，于是我们选用了面向结构化的分析方法。下面结合需求分析的内容，重点阐述在项目实施中如何进行需求分析。

一、绘制系统上下文范围关系图

上下文范围关系图定义了系统与系统外部实体间的界限和接口的简单模型，可以为需求确定一个范围。网联的职责是将银行和支付公司解耦，并将支付公司的交易实时转发给交易方的两个银行，以及通过央行的大小额系统，在银行间清算资金。所以我们定义每一个支付公司、每一个银行、央行的大小额系统为该系统的外部实体，并确定了实体间以交易数据和执行动作类型为参数的接口模型。

二、创建用户界面原型

网联的用户是银行和支付公司，接入网联平台需要人机界面的支持，比如上传资质证件、金融机构信息的维护、交易业务暂停等。为此我们在需求分析阶段，用PPT制作了演示工具，大大降低了项目组和银行、支付公司需求方的沟通成本。

三、确定需求的可行性和优先级

需求的可行性大致分为成本可行性、性能可行性、技术实现可行性等。来自支付公司和银行支援的技术方案经过多年的高并发流量验证，保证了技术可行性。我们通过购置高稳定性机房、租用高延时带宽、购买高性能服务器、招聘高级工程师、产出高质量程序，以及后期的适应性、完整性维护等，保证了性能可行性。虽然成本较高，但对于国家金融安全以及宏观风险调控大局来说，这些成本均在可接受范围之内。

在需求优先级方面，我们根据用户调研报告，关注到用户60%的使用场景是使用协议支付，即授权支付公司代理向银行发起请求，扣除银行卡中的余额（即银行卡支付），另有40%使用场景是银行卡网关支付、直接付款等其他形式。考虑到其中的依赖关系，我们最终选取了签约、解约、协议支付、交易退款、交易查询作为首个版本的五个主要需求点。

四、为需求建立模型

SA 方法分析模型的核心是数据，围绕这个核心，构建三个层次的模型。

首先，构建数据模型。

针对网联的数据特点，我们得出了最主要的几个实体：交易、用户、银行、支付公司。我们在每个 E-R 图上绘制了它们的内部属性以及它们之间的联系。之后通过逐步集成的方法，得到一张总体视图，并消除了一些属性、命名、结构等冲突及冗余。这些工作为以后的功能建模、状态建模、数据库逻辑设计等工作奠定了良好的基础。

其次，构建功能模型。

我们沿着交易数据的处理环节，从整体上划分了四个模块：接入、转发、对账、清算。针对每个模块继续向下分解问题域，直到划分成只需 2～3 个工程师就可以实现的简单小模块。随着分析的深入，我们针对每一层次绘制了 DFD 图。针对 DFD 中无法展示详细信息、无法具体准确描述的数据，我们创建了数据字典。这对以后的架构设计、编码实现、需求验证有很大的帮助。

最后，构建状态模型。

我们分析了交易应该具备的状态，以及引起状态变迁的所有事件，并绘制了状态转换图 STD。这保障了事务的一致性、原子性。例如那些长时间没有运转到最终状态的交易，我们需要监控及告警，实现补单处理机制。

运用了上述的分析方法和过程，项目组顺利地完成了整个需求分析和需求定义工作，并产出了一份长达 500 页的需求规格说明书 SRS。为了消除 SRS 中的错误、二义性以及各种纰漏，网联邀请了银行、支付公司、央行支付司的专家们进行了反复评审及修改，为后续的概要设计、详细设计、编码和实现、测试及验收工作提供了可靠的保证。并且在时间资源比较紧张、项目组成员分散办公的前提下，降低了沟通成本，保障了项目的顺利实施。

系统上线以来得到了支付行业内的持续关注，随着支付公司和银行不断接入该系统，系统持续优化并升级扩展机房规模，在最近几年的"双十一"和"618"等场景下，经受了大并发的性能考验。基于我们的需求分析工作，加之项目组执行上的不断努力、用户的全力配合，项目完成非常成功。项目完成得比较成功，得到了公司管理层的高度认可，用户对项目也非常满意。

4.5 论软件需求验证方法及其应用

摘要：

本文以我参与的某某清算平台建设项目为例，探讨了软件需求验证的方法及应用。该项目的目标是将第三方支付公司和银行之间的数据交互隔离并解耦，以利于央行对支付数据的风险监控诉求。该项目存在影响范围广、涉及单位多、性能要求高等难度挑战。在此项目中，我担任了系统分析师及架构师，参与了该项目的需求开发、系统设计和实现等工作。需求验证包括需求测试和需求评审，它们的工作是否科学、充分对需求开发阶段的工作影响很大，直接决定了系统开发的目标和可行性。需求验证分为需求测试和需求评审。系统分析师可以根据项目的特点和体量，来选取最合适的验证方法。在项目中熟练运用需求验证方法，才能保证需求的完整性、一致性和高质量，为后续的系统设计、实现和测试提供足够的保障。基于我们的需求分析和验证上的工作，加之项目组执行上的不断努力，用户的全力配合，项目完成非常成功。

正文：

随着电子商务的发展，线上支付领域在最近十年获得了爆发式增长，尤其是微信支付、支付宝两大巨头的出现，深刻影响了人们的移动支付方式。"双十一""618"等高峰场景的出现，标志着互联网支付领域已成为代表中国互联网发展规模的典型代表。然而，各支付公司为了发展代扣用户银行账户余额的业务，几乎接入了每一家大大小小的银行。支付公司和银行之间形成了"网状"的数据通信，引发了央行的持续关注，认为这种"网状"的数据通信不利于资金的监管、风险调控等，进而提出要在支付公司和银行之间设立"某某清算平台"，解耦并隔离银行和支付公司的直接通信，并设立风控机构，以期解决上述提出的各项问题。2023 年 8 月，作为系统分析师及架构师，我有幸参与并主导了这个国家级重点工程，并在项目中实践了软件需求验证方法及应用，得到了项目组成员的认可。下面重点阐述我在本项目中的实践及心得。

项目在经过需求开发的需求获取、需求分析、需求定义三个阶段后，得到了一份需求规格说明书 SRS，即进入了需求验证阶段。该阶段的目的是检查 SRS 中包含需求的正确性、完整性，避免在开发后期才发现需求存在问题，导致修复需求错误而产生额外的大量工作。目前需求验证的方法主要分为以下两个大类：

（1）需求测试。

由于需求开发阶段还没有真正可执行的系统，所以以功能为基础（SA 方法）或者从用例派生出来（OO 方法）的测试用例可以帮助发现需求的许多问题。比如 SRS 中的纰漏、二义性、不一致性等。概念测试用例源于用户需求，重点反映用例描述，完全独立于实现，以主备事件流的方式，把所有需求串起来，直至覆盖所有需求点。需求测试具体过程为：根据概念测试用例进行"概念"执行；根据测试结果快速修改对应的需求文档。

（2）需求评审。

需求评审是需求开发阶段结束前进行的技术评审，为项目的干系人提供在需求问题上达成共识的方法。评审类型分为正式评审和非正式评审。正式评审通常以集中会议的形式展开，邀请项目的所有干系人参会，一起对 SRS 中的所有需求描述做最后的审核和校验，其过程分为：计划、准备、评审、处理结果。而非技术评审是通过各种分散的形式"异步"进行评审，比如电子邮件、文件汇签等形式。

具体实际实践中，系统分析师会根据项目的大小和特点，实施不同的验证方法。由于网联平台项目本身是一个涉及面比较广泛、影响比较大的国家级工程；而且支付行业存在着复杂度高，业务广，用户基础规模大的特点。所以作为支付公司和银行的中间交易转接平台和清算平台，包含的功能点数量是巨大的。经过前期的需求定义阶段，产出的需求规格说明书 SRS 长达 500 页。因此项目组经过讨论，决定采用了多种验证方法，互相结合使用来实施需求验证。具体实施过程如下：

一、成立需求测试小组，介入需求开发阶段

由于网联平台工程比较大，需求的获取、分析的工作量持续时间也比较长。为了及早发现需求上的问题，避免早期的错误在后期被"放大"导致难以纠正，项目组的测试团队在需求开发阶段，就成立了需求测试小组，并及早介入需求开发阶段。当分析师需求分阶段产出成果时，需求测试人员就马上设计概念测试用例，验证产出测试结果，反馈给分析师，以便对问题及时进行修复。所以需求测试的工作提前开始，与需求分析工作并行展开的迭代式演化工作过程，分解了工作内容，很大程度上降低了工作的复杂度。

二、以功能需求为基础，设计概念测试用例

在需求分析阶段，项目系统分析师采用了结构化的分析方法。该方法的特点是自顶向下、逐层分解功能点，直到最底层的功能点足够简单并容易解决。所以项目组的需求测试人员也相应地选用了以功能需求为基础的方法，来设计大量的概念测试用例。

系统分析师的数据流图 DFD 每个层次，都设计了对应的测试用例描述。对于顶层的一般交易处理过程，相应的概念测试用例也体现出了通用的测试过程。例如交易的安全验证用例、交易的余额不足用例等。对于底层的具体交易处理过程，也有相应的更具体的测试用例，例如退款交易确保有对应的支付交易等。多维度、多层次的用例检查出了需求规格说明书上的一些功能冲突、流程不一致的错误，确保了系统分析工作的正确性，降低了潜在错误带来的成本风险。

三、和相关需求方保持沟通，发邮件进行非正式评审

当需求定义阶段结束，会得到一份需求规格说明书 SRS。由于并行的概念测试工作，SRS 消除了内部基础性的错误。由于网联的需求方包含了众多的银行和支付公司，分散在全国各地，所以有必要先以邮件的方式开展非正式评审，将 SRS 送审到各个需求方单位。得到各个需求方单位的反馈后，评估各方给出的建议，仔细确定哪些问题需要纠正，哪些问题不需要纠正，并回复邮件给出充分、客观的理由和证据。对于需要纠正的问题，做好了卡片记录，提交到需求变更委员会，进行有效的需求跟踪。经过多轮的非正式评审，一份较完善的 SRS 已经完成。

四、邀请央行加入最后的正式评审

在需求验证的最后阶段，SRS 经过多轮内部、内外联合的评审，各方人员基本对所有的需求点达成一致。但由于网联系统关系到央行的金融级风控需求，同时也要评估政策上所有需求点是否合规，以及确定满足央行对网联的期许，所以网联项目组决定发起一场正式评审会议。项目组首先邀请了央行以及支付司多位支付领域的专家加入评审团，并预先发给他们所有的 SRS 及其他资料；同时也再次邀请了关键的银行和支付公司代表参加会议。评审会议上由系统分析师逐项讲解平台各项需求，并充分听取央行和支付司专家们的建议。经过三天的议程，项目组对这份 SRS 补充了适应政策法规的处理流程，及时纠正了具有潜在的违规风险项，最终网联项目的需求方案得到了各方

的认可。

综合运用了上述的各项需求验证方法，在时间资源比较紧张的前提下，确定了每个需求的可行性，每个版本迭代的优先级，得出了一份比较完美的需求规格说明书 SRS，成为了项目组开发团队的需求基线，保证了接下来系统架构、系统实现等各阶段工作的顺利实施。

网联平台上线以来得到了支付行业内的持续关注，由于功能比较完善，得到央行的认可，支付公司和银行不会有任何顾虑，并顺利地接入了该系统。系统也持续优化并升级扩展机房规模，在近些年的"双十一"和"618"等场景下，经受了大并发的性能考验。这也充分说明了需求验证做得是否充分、正确，往往成为一个系统是否成功的关键所在。项目完成得比较成功，得到了公司管理层的高度认可，用户对项目也非常满意。

4.6 论微服务开发方法

范文 1

摘要：

我作为系统分析师兼任系统架构师参与了××航空公司物流综合平台 4.0 的建设工作。该物流平台旨在整合该公司航空物流、仓储、冷链运输、快递、支付、信用等多个公司相关业务，提供统一的点到点的综合物流配送服务。该综合平台采用了微服务的系统架构进行开发。平台最终在 2022 年 6 月初步上线运行，后续又陆续进行了 4 次大的版本升级。微服务与 SOA 有很多相似点，但更具备功能划分灵活、开发推进快速、搭建简单、性能可扩展性强等特点。而且与 SOA 相比，微服务架构的应用过程，也有着很大的区别。本论文通过对该平台建设过程中微服务架构的应用，探讨微服务架构与 SOA 的不同之处，并且阐述实际的软件开发过程中，微服务架构如何推进开发工作。本文最后结合项目所遇到的各种问题和处理结果，展示了项目的实施过程以及最终的应用效果。

正文：

2021 年 7 月开始，我作为系统分析师兼任系统架构师参与了××航空公司物流综合平台 4.0 的建设工作。该平台是××航空公司在业务扩展到一定程度，兼并收购了多个物流相关公司后，综合考虑集团公司整体业务推进，作为支持集团主线业务所推进的关键项目。××航空公司的业务包括了航空物流、普通快递业务、仓储业务、冷链运输业务、三方支付平台、信用评级等。对公司的这些业务进行串联，可以整合出整套的物流点对点、门到门配送服务，包含特殊的冷链运输，并完成线上支付、线上信用评级担保等补充业务，可谓全物流产业链的布局。在集团公司领导层完成相关公司的收购和基本业务布局后，我们启动了物流综合平台的规划建设工作。在带领团队对相关公司进行了调研，并完成了初步的系统规划设计后，我带领技术团队对技术架构进行了讨论评审，最终选用了微服务架构作为基础的系统架构。

近年来，微服务架构是比较热门的技术架构，随着相关技术的成熟，基本成为了当前主流使用的技术架构。微服务与 SOA 是有着紧密关系的，也可以说微服务是脱胎于 SOA 的。

1. SOA 架构

SOA 作为面向服务架构，是面向对象、构件架构的更高一级整合，其松散耦合、完整业务流程、高度复用性、标准服务接口的特点，是信息化产业的重大变革。但在更多地使用 SOA 过程中，也发现了 SOA 存在的一些问题。首先是其架构庞大、标准带来的系统结构复杂、开发难度大、接入复杂等问题；其次对参与的技术人员要求也比较高，如果其设计的服务不合理，重构带来的风险也比较大。整体看来，SOA 相对比较笨重，适合于高度组织化、技术能力强大的公司使用。

2. 微服务架构

微服务的基础思路与 SOA 相似，都是提供服务的模式，但不同于 SOA，其服务能力细微化，较小的功能，甚至一个对象的管理页拆分成为一个独立的服务。随着结构的降级，其复杂程度也有效地降低了，开发和设计工作也更为灵活；同时，可以参与的技术人员水平要求也有所下降，接口不再完全强调标准化，以可提供服务能力为基础。因此微服务可以看成是 SOA 的轻量化，也可以看成是简单化，其推广和使用也就更容易。

××航空公司物流综合平台 4.0 之所以选用微服务，也是在调研中发现不同公司的信息化程度不一样。有的公司业务成熟，信息化程度较高，因此有着完善的系统建设，服务能力很强；有的公司业务还不明确，仅能提供基础业务，其信息化程度也较低，甚至还没有可供使用的信息系统。微服务入门门槛低，具有轻量化的特点，是我们在推进业务整合工作中所必须考虑的因素。在选定好架构后，我们对综合平台的基础技术进行了选型。综合考虑了各公司的业务能力，我们选择了 Spring Cloud+Zookeeper 作为基础架构平台，采用 Maven+Gradle 的构建方式，MySQL+Redis 作为持久化和缓存，Vue.js 作为前端架构，Docker+K8s 作为容器化方案，使用 DevOps 的持续集成模式，进行了整体平台的实施工作。

整个开发工作分为两条主线，一个是综合平台的业务主线，一个是各公司的业务接入。综合平台的业务主线，主要需要开发几个核心功能：用户服务、物流业务服务、结算服务、信用业务、业务办理平台。我们将以上功能拆分为更细的服务，包括用户、地理位置、物流配送、配送模式匹配、支付、结算、信用评级等多个服务模块。每个微服务均采用 Spring Boot 进行开发，并将服务注册到 Zookeeper 上以供其他业务进行调用。随后我们构建了业务总线，将微服务功能进行了组装，以提供前端业务流程功能的数据。

以配送业务为例：首先需要调用用户服务查询出用户信息，其次调用物流配送服务提供物流配送的业务办理，最后调用结算服务对物流配送费用进行结算。以上功能的组装与单体服务功能开发相比，虽然比较繁琐和复杂，但在实际开发中，可以同时安排开发小组对用户服务、配送服务、结算服务进行并行开发，而且其开发可以完全采用面向对象的模式，更利于未来功能的扩展。同时，由于服务进行了细化拆分，因此在上线后的性能调优阶段，可以按照实际业务需要，对不同的服务模块进行更多的服务部署。只要做好负载均衡处理，即可更有针对性地提升某部分的性能，最终达到性能调平，更好地运用有限的资源。

各公司业务接入的开发就更适合采用微服务的模式。由于其更轻量化、简单化，技术能力不强的公司，也可以快速地推进其信息系统的改造，并接入服务能力。因此在改造过程中，我们并行推进了相关业务公司的技术改造，将其能提供的业务都添加到了服务总线中。鉴于开发多处采用并行的方式，而且单个服务的开发简单易行，我们快速推进了各个服务能力的开发。最终在服务总线中，对服务进行了组装。

在服务组装的过程中，微服务对技术体系的依赖很强。主要是由于其微小的服务划分，整体服务总量很大，测试环境和生产环境的搭建，如果采用传统方式部署几乎无法进行。因此我们采用的基于 Docker +K8s 的服务环境，并采用了 DevOps 的持续集成模式。测试环境采用了自动持续集成方式，当 GIT 中的代码发生变更时，测试环境的服务会自动进行重新部署，以保证测试环境有最新的服务以便其他服务进行调用。开发团队不需要关注服务的部署环节，仅需要在自己负责的服务功能测试完成后，即可提交到代码库中。生产环境的部署也十分方便，在完成了测试环境的部署后，经确认，统一部署生产环境即可，其部署编译完全依赖于脚本，避免了人工可能出现的错误。

在整个微服务的使用中，我们体验到了服务拆分带来的好处，其轻量的开发模式、弹性很强的部署方式，在各方面的优势都有一定的凸显。但一定需要采用全套的技术架构，解决测试、部署中的大量服务管理带来的问题。比如在持续集成的过程中，我们发现数据库也是需要持续集成功能的，如果依赖于传统的 SQL 脚本手工更新数据库的方式，经常出现服务代码更新但数据库未更新的方式。因此我们在数据库中又添加了 Flyway 的数据库持续集成工具，解决了数据库持续集成的问题。伴随着这些问题的解决，最终物流综合平台 4.0 在 5 个月的周期内，于 2022 年 6 月初步上线运行，其开发速度远高于传统模式，如 SOA。在提供基础功能的第一版发布后，相关服务又陆续进行了 4 次较大的升级。依托于微服务架构，每个独立服务的升级对其他服务没有造成任何影响，整体平台从未间断提供服务。这些微服务的新特性，得到了平台用户、公司领导的认可和鼓励，也给我们带来了更多的成就感和动力。

范文 2

摘要：

本文以某市的城市一卡通 NFC 手机充值业务的后端系统为实例，阐述了为解决业务功能的迅速增加及规模的膨胀给系统带来的挑战，所提出的微服务技术架构解决方案。文章首先对微服务架构进行了概要介绍，比较了微服务与 SOA 架构的区别。接着对项目中实际微服务的划分定义进行了说明，介绍了服务注册中心和服务网关的设计，包括服务的注册和发现机制等。最后对构建微服务的过程中所采用的 Spring Cloud 技术框架进行了说明。

在此项目中我作为公司的技术骨干，全面主持了项目的建设工作，项目历时 6 个月最终成功交付上线。通过在系统设计与开发中采用微服务架构，可以清晰地管理模块间的依赖关系，灵活满足系统规模的弹性增长，缩短每次系统发布重构的时间。与此同时，系统各个功能通过微服务的划分，更能反映它们之间的业务关系，改善了系统的持续交付能力。

正文：

2021 年 9 月，我作为项目负责人，参与并主导了某某市的城市一卡通 NFC 手机充值业务的后端系统改造升级项目，项目周期为 6 个月。该项目属于业务支撑系统性质，由于面临着业务需要不断快速迭代更新和应用复杂度的急剧增加等问题，传统的架构已经无法解决。在原有单体架构应用程序环境中，受限于整个系统需要采用同一技术，无法在系统中引入新框架或新技术平台。同时各业务模块对计算能力或输入输出能力有不同要求，但都采用相同的配置参数，无法将资源精准地配给最需要的模块。

经过项目成员和业务老师的反复沟通和组内交流，我们决定对系统引入微服务架构。准确地说，微服务架构是一种新的软件开发风格。它的开发理念是将一个巨大的单体架构根据业务逻辑和业务功能调用关系划分为多个功能模块，这些模块就称为"微服务"。每个微服务采用轻量级服务通信机制，并且通过全自动的部署机制进行独立部署，每个服务之间互不影响。微服务架构是从 SOA 架构演变而来的，微服务架构比 SOA 架构在粒度拆分上更加精细，微服务架构与 SOA 架构有如下区别：

（1）SOA 架构采用 ESB 消息总线机制，而微服务架构采用的是 http+json（Restful）进行传输消息。

（2）微服务架构各服务采用轻量级通信方式，利用网关进行服务调用，因此整个系统的运行效率将会更高。

（3）SOA 架构中数据库各服务可以共享，而微服务中每个服务具有自己独立的数据库，这种方式保证了每个服务之间不受影响。

（4）微服务比 SOA 架构更适合敏捷开发，能更快速地进行版本迭代。

一卡通手机充值支撑系统属于一卡通 NFC 手机充值的业务后端系统，其功能主要包括：负责与前端系统对接，完成一卡通卡账户资金支付功能；负责与前端系统对接，完成一卡通卡圈存充值功能；负责与第三方支付系统对接，完成账户资金转账充值、账单下载和生成对账文件功能；负责与客服受理系统对接，完成用户订单管理等客服受理功能。

基于以上四点功能，我们划分了如下的服务：

（1）内部服务：对接内部联机核心系统，提供一卡通卡充值金账户查询、充值金账户操作（充值、冻结、解冻等）等功能。

（2）基础查询服务：对外提供一卡通卡相关的查询类服务。

（3）充值金商品服务：支持订单创建、订单查询、订单支付通知处理等。

（4）订单支付服务：负责第三方支付订单创建、支付通知处理，负责充值账单的下载和对账处理等。

（5）圈存服务：对接前端服务系统，提供圈存订单创建、圈存初始化、圈存以及圈存提交等功能。

每个微服务均开放出 REST API 供前端或者其他系统调用，微服务之间的交互也是通过 REST API 进行交互。

微服务架构中的核心组件是服务注册中心，系统中各个服务的实例会根据运行环境变化依据默认规则或策略动态变化。系统通过服务注册中心记录每个实例的调用方法、通信协议等访问信息。服务注册中心负责对每个实例的运行状况进行追踪，监测运行时的动态信息，并根据其健康状态及网络环境变化等进行调整。当客户端访问服务注册中心的某个服务时，首先将请求提交给分发层，分发层查询服务注册中心并依据分发路由策略定位服务实例。同时分发层还需要根据请求负载和处于活动状态的服务实例数量选择调度策略。

服务网关是系统的统一访问入口，封装了内部的所有服务信息。服务网关是介于服务器端与客户端之间的中间层。它提供系统边界上的一个面向 API 的、串行集中式的强管控服务。服务网关功能主要包括：支持将服务按一定条件暴露给外部调用；支持对请求的拦截、预处理、规模匹配等功能；提供请求分发路由、协议转换、安全防护、负载均衡等策略；提供执行结果缓存机制，支持对一定时间间隔内的结果数据进行缓存。采用服务网关最直观的好处是所有的微服务请求需要先经过微服务网关，这种方式减少了各微服务之间的交互次数。

在开发中，我们采用了 Spring Cloud 进行了系统实现。Spring Cloud 属于 Spring Framework 的一部分，是一个基于 Spring Boot 实现的微服务开发架构，是 Spring Framework 为 Java 企业级开发提供了一站式的轻量级解决方案。它的子项目涵盖了所有分布式系统所需要的基础设施，在实际开发过程中基于不同职责需要，选择了相应组件来支持系统的微服务极大地降低了沟通成本，提高了研发联调和测试的效率。开发中使用了以下组件技术：

（1）Eureka：是服务治理组件，包含服务注册中心、服务注册与发现机制的实现。

（2）Zuul：是网关组件，提供智能路由、访问过滤等功能。

（3）Spring Cloud Config：是配置管理工具，可以实现应用配置的外部化存储，并支持客户端配置信息刷新、加密/解密配置内容等。

（4）Zipkin：是 Spring 集成的分布式链路调用监控工具，聚合分析业务系统调用延迟数据，达到链路调用监控跟踪的目的。

综上所述，通过引入微服务架构，解决了系统业务快速迭代的问题，实现了系统的低耦合、易扩展、可伸缩，通过不断地对服务的定义、拆分、合并、再拆分、再合并的过程，来适应日益增长的业务复杂度。当然我们在微服务架构实践上，还处于初级阶段，未来我们将在后续的系统演变过程中进一步深入优化，以期构建更加完善的城市一卡通手机充值服务系统。

4.7　论系统开发方法与建模

摘要：

统一支付平台建设推广应用项目是某某市卫生健康委员会于 2022 年发起的一项医疗卫生行业便民惠民信息化项目。该项目的目的是实现该市市区内患者在辖区的各公立医疗机构就诊时，可以使用微信和支付宝在线支付挂号费、门诊费和住院预交金等功能。我作为系统架构师参与此项目的设计与开发。本文围绕常见软件系统开发方法进行了一一介绍。文章首先分别介绍了面向对象开发方法、结构化开发方法、面向构件开发方法、原型法、统一过程（RUP/UP）和敏捷方法六种软件开发方法；然后详细说明了使用面向对象技术和统一过程 UP 开发统一支付平台时，在初始阶段、细化阶段、构建阶段和交付阶段所做的具体工作以及各阶段统一建模语言（UML）的使用情况。项目经过一年的设计开发与集成，顺利通过验收并稳定运行，各医疗卫生机构对此系统给予了高度评价。

正文：

2022 年，某某市卫生健康委员会启动了统一支付平台建设推广应用项目。该项目的目的是实现该市市区内患者在辖区的各公立医疗机构就诊时，可以使用微信和支付宝在线支付挂号费、门诊费和住院预交金等功能。我作为系统架构师参与此项目的设计与开发。

软件开发方法是指软件开发过程中所遵循的办法和步骤，下面我将围绕软件系统开发方法与建模这个主题展开讨论，首先介绍常用的软件开发方法，然后详细说明统一支付平台项目建设推广应用项目中用到的开发方法以及实施效果。

常用的软件开发方法有结构化开发方法、面向对象开发方法、原型法、面向构件开发方法、统一过程（RUP/UP）和敏捷方法等。

（1）结构化开发方法。这种方法以过程为中心，具有明显的阶段性，一般分为软件计划、需求分析、软件设计、程序编码、软件测试、运行维护六个阶段。各个阶段均要求输出较为齐全的文档。结构化开发方法基本思想可以概括为自顶向下、逐步求精、模块化技术。结构化建模比较常用的工具是数据流图、模块图、系统结构图等。一般来说，流程成熟的系统可以采用该方法。该方法往往采用瀑布模型进行开发。

（2）面向对象开发方法。这种方法把数据和过程集成到对象结构中，所创建的模型称为对象模型，这种建模方法认为计算机世界只有"对象"。面向对象建模最重要的工具是统一建模语言（UML），这种语言是一种图形化语言，具有定义良好、易于表达、功能强大、适用普遍的优点。

（3）原型法。原型法的思想是根据用户需求并利用系统开发工具快速地建立一个系统模型并展示给用户，然后在此基础上与用户交流，最终实现用户需求的信息系统快速方法。原型法一般只作为需求获取工具或者用于迭代开发的初版增量。

（4）面向构件开发方法。基于构件的软件开发方法通过有计划地集成现有的软件部分来进行软件开发，它可以有效地降低软件的复杂性，缩短发布时间。采用构件化开发方法后，所有的软件解决方案将以使用预建的构件和模板，像搭积木似的建造，这种积木就是构件。构件是一个功能相对独立的具有可重用价值的软件单元。

（5）统一过程（RUP/UP）。统一过程是一种基于构件的通用过程框架，应用非常广泛，为软件系统建模时，统一过程使用统一建模语言（UML）。统一过程有三个显著的特点，即用例驱动、以架构为中心、迭代和增量。统一过程将项目管理、业务建模、分析与设计统一起来，是软件行业最重型的开发方法。统一过程可以分为四个阶段，四个阶段为一个开发周期和一个迭代过程，每经过四个阶段就产生一代软件。

1）初始阶段：为系统建立业务模型并确定项目边界，识别外部实体和与外部实体的交互。

2）细化阶段：分析问题领域，建立完善架构。

3）构建阶段：开发所有剩余的构件和应用程序功能，并把这些构件集成为产品。

4）移交阶段。每个阶段都安排一次技术评审、确定阶段目标是否已经满足，如果评审结果令人满意，就可以进入下一阶段。

（6）敏捷方法。敏捷方法强调开发团队与用户紧密协作、面对面沟通，能够频繁交付新的软件版本，成为紧凑而自我组织型团队，是一种以人为核心、迭代、循序渐进的开发方法。敏捷方法比 RUP 的周期更短。常见的敏捷方法有：以测试先行为特点的极限编程（XP）、以迭代为特点的 Scrum 法、以虚拟团队和开放源代码为特点的开放式编程等。

在统一支付平台建设推广应用项目，我主要采用了统一过程和面向对象方法，使用统一建模语言（UML）描述模型。

（1）初始阶段。

首先确定此项目涉及的医疗机构，了解这些医疗机构的门诊、住院缴费流程以及流程涉及的信息系统、自助设备和人员。

然后从患者缴费需求和上级部门要求出发，结合微信、支付宝当前支持的在线缴费模式，确定平台应实现的功能有：患者通过扫描自助机屏幕显示的付款二维码来完成支付；缴费窗口工作人员使用扫码设备扫描患者手机上的缴费码来完成支付；患者通过健康×××手机微信公众号在线缴费；患者通过健康×××手机 APP 来在线缴费；财务人员使用 Web 浏览器进行商户管理、用户管理、订单管理、对账管理和交易监管。

最后通过 UML 用例图进行功能建模，用带泳道的 UML 活动图和时序图对用例场景建模，涉及的参与方有：微信或支付宝客户端、辖区健康 APP、自助机、缴费窗口工作人员、扫码设备、医院信息系统、统一支付平台、微信或支付宝支付系统等。

其间，我通过非功能需求调查问卷、专家和用户座谈会等方式，了解平台需要实现的非功能需求，比如性能、可靠性、可用性、安全性、可修改性、易用性等，并将相关信息记录成文档。涉及的业务规则也进行记录。

（2）细化阶段。

项目组分析上述模型后，结合参与方的职责分配，确定平台需要定义以下几种实体类：商户、预付订单、支付订单、支付二维码、支付页面、支付签名、通知单、对账单、收入统计报表、登录账户、角色等。然后为每一个实体类指派一个控制类和一个边界类，并将这些类进行分组和打包，完成构件的标识工作。构件标识工作完成后，组织一个由不同代表组成的小组，对需求和相关构件进行审查。

经过多方讨论，我们选择使用轻量级 J2EE 多层架构和前后端分离的架构风格。该架构大致分为视图层、Web 服务层、服务层、数据访问对象层和数据持久层五个层次。架构选择完成后，我们将已经标识的构件映射到体系结构不同的层次。我们使用 Vue 网页用户界面渐进式构建框架和 Element 页面组件库实现视图层中的构件；使用 Spring Boot 框架实现 Web 服务层、服务层、数据访问对象层中的构件；使用 MyBatis 实体关系映射框架实现持久层；数据库服务则采用 Oracle 数据库；采用 Ajax 和 REST 实现视图层和 Web 服务层之间的交互。

同时，按照非功能需求和质量场景的优先级，选择基于 REST 的分布式事务架构来提高平台可靠性和可修改性，选择服务器集群架构来提高性能、可用性和安全性；选择主备 VPN 专线架构提高网络可靠性；最后使用 UML 完成平台的部署架构建模。架构设计完成后，我们组织了一次架构评审会，使用 ATAM 架构权衡分析法对架构分进行评审。

（3）构建阶段。

在这个阶段平台完成需要的构件开发，然后将构件集成为产品，并进行详细测试。

（4）交付阶段。

在这个阶段平台完成β测试并进行部署，同时完成相关人员的培训工作。

统一支付平台建设推广应用项目经过一年的设计开发和集成，顺利通过验收并稳定运行，辖区各医疗卫生单位对此系统非常满意，给予高度的评价。未来我们将在后续的系统演变过程中进一步深入优化，以期构建更加完善的统一支付平台。

4.8 论快速应用开发方法及应用

摘要：

我在某县卫生健康委员会公共卫生信息中心工作，是信息中心的负责人。2021年5月，我中心受县疾病预防控制中心委托，为某种疾病疫苗3期临床项目开发受试对象拦截系统。我负责系统架构设计、需求分析以及后期的部分编码工作。通过与疾病预防控制中心领导、二级医院和卫生院的信息科负责人沟通后，我们认为该系统存在开发时间紧，预算不高等特点，适合采用数据流批处理的架构，采用快速应用开发方法。

快速应用开发方法将该系统分为规划阶段、设计阶段、实现阶段、系统版本迭代阶段、运行阶段等，每个阶段完成了该阶段的重要任务。系统通过多次迭代，最终顺利完成。系统运行后效果很好，得到了疾病预防控制中心随访组负责人和工作人员的高度肯定和赞扬。

正文：

本人在某县卫生健康委员会公共卫生信息中心（以下简称"卫健委信息中心"）工作，是信息中心的负责人，主要负责整个县区卫生信息化事业的发展。

2021年5月，我县疾病预防控制中心与某大型疫苗研发企业合作，开展某种疾病疫苗的3期临床试验项目。我中心受县疾病预防控制中心委托，为某种疾病疫苗3期临床项目开发受试对象拦截系统（以下简称"系统"）。该系统的一个关键环节是及时追踪受试对象在当地2家医院和5家乡镇卫生院的就诊情况，从而及时安排对应随访工作人员去做相应的现场随访。项目初期，疾病预防控制中心采用医院人工上报的方式追踪，效率低下且容易漏报，疾病预防控制中心领导与我中心沟通，希望可以通过信息化的手段进一步提高受试对象追踪效率。

在与疾病预防控制中心领导进行面对面的沟通之后，我们获取到了一些项目的宏观要求：

（1）受试对象拦截系统最好在2周内开发完成。

（2）由于时间比较紧迫，无法使用正常的信息化项目开发流程来申请预算，所以开发预算不是特别充裕。

（3）受试对象拦截系统需要部署到2家二级医院和5家乡镇卫生院，但拦截系统使用人员指派难度较大，所以对系统运行自动化程度要求高。

按照上述情况,我与2家二级医院和5家乡镇卫生院的信息科相关负责人讨论之后认为时间紧、预算不高的前提下，受试对象拦截系统适合采用数据流批处理的架构。系统从各家医院数据库抽取数据，然后经过转换后，保存为文件，最后将文件发送给疾控中心对应负责人。并且认为系统开发采用快速应用开发方法比较合适。

快速应用开发（RAD）是基于构件的开发方法，强调用户参与、开发或复用构件、模块化要求高。一般不适用于新技术，快速应用开发方法的基本思想为：

（1）让用户更主动地参与到系统分析、设计、构造活动中。

（2）组织召开一系列重点突出的研讨会，并让项目投资方、用户、系统分析师、设计人员和开发人员一起参与。

（3）采取迭代方式加速需求分析和设计。

（4）尽快让用户看到一个可以工作的系统。

快速应用开发方法可以分为规划、设计、实现、系统版本迭代和运行五个阶段，而设计和实现一般需要多次迭代，下面我就受试对象拦截系统的开发过程介绍如下：

一、规划阶段

规划阶段初步确定系统架构和系统开发方法之后，我与疾控中心领导沟通，组织召开了一次多方碰头会。参会人员有县疾病预防控制中心领导、县公共卫生信息中心负责人、县疾病预防控制中心信息维护员、疾病预防控制中心疫苗项目随访工作负责人、二级医院信息科科长以及乡镇卫生院信息系统工程师等。在碰头会上，我们创建了受试对象拦截系统沟通交流工作群，方便以后沟通交流。

碰头会进一步明确了业务流程，即受试对象拦截系统每天都将昨天在各家医院就诊的受试对象的就诊信息反馈到县疾病预防控制中心，疾病预防控制中心的随访人员按照信息进行相应的随访。

碰头会明确了受试对象拦截系统需求：拦截2家二级医院和5家乡镇卫生院的门诊患者和住院患者；门诊患者需要提供姓名、性别、身份证号码、家庭住址、就诊日期和患者诊断；住院患者需要提供姓名、性别、身份证号码、家庭住址、入院诊断、入院日期、床号；每天上报昨天的拦截信息到疾病预防控制中心；拦截对象数据库在项目初期就已经确定，项目期间发生变动的概率很小。

二、设计阶段

该阶段依据系统需求，通过认证分析和设计，我们得到受试对象拦截系统统一采用 Python 语言进行开发，并提供以下几个重要功能：

（1）拦截人员数据库管理：由于拦截人员数据库在项目期间几乎不会发生变动，可以采用导入医院信息系统数据库的方式导入人员数据。

（2）数据抓取：可以编写 SQL 脚本从数据库抽取数据。

（3）数据清洗：编写数据清洗模块，可以依赖 Python 统计框架 Pandas。

（4）报表生成：提供"门诊患者拦截信息"和"住院患者拦截信息"两个报表，报表格式为".xlsx"。

（5）报表加密：报表".xlsx"文件使用 zip 压缩，在压缩过程中使用对称密码加密，各医院和疾病预防控制中心事先沟通好使用的加密密钥。

（6）报表发送：报表压缩包使用电子邮件发送。

三、实现阶段

2 家医院和 5 家乡镇卫生院信息系统工程师负责编写数据抓取的 SQL 脚本，卫健委信息中心负责实现数据清洗、报表生成、报表打包加密以及报表发送等模块。

系统开发期间，疾病预防控制中心领导负责完成受试对象拦截系统建设的相关申请，申请书需要县卫生健康委员会领导批准并加盖县卫生健康委员会公章。

四、系统版本迭代阶段

（1）第一次系统迭代。

3 天之后，乡镇卫生院受试对象拦截系统完成编码工作，我们将一周拦截数据反馈给疾病预防控制中心随访负责人，安排随访人员试用，得到如下反馈：乡镇卫生院获取到的患者数据质量不高，许多患者没有身份证号码；许多患者的住址和手机号码也缺失严重。

经过进一步研究讨论，我们按照是否有身份证号码等信息分类别处理，进一步生成"门诊患者通过身份证号码拦截信息""门诊患者通过姓名拦截（需人工核实）""无身份证号码门诊患者人工排查辅助工具""住院患者通过身份证号码拦截""住院患者通过姓名拦截（需人工核实）""无身份证号码住院患者人工排查辅助表"共 6 张核心报表。

（2）第二次系统迭代。

第二次系统迭代主要是提高受试对象拦截系统运行的可靠性，优化运行错误处理，便于系统在后台运行。

五、运行阶段

经过两次用户反馈和开发迭代，我们完成了乡镇卫生院受试对象拦截系统开发。通过测试后、系统进入试运行阶段，在试运行阶段，我每天人工执行一次脚本，观察是否有测试阶段未发现的异常发生，连续运行 1 周之后，我设置了 Linux cron 服务，让系统任务自动运行。

与此同时，我将拦截系统的相关代码通过 GitHub 共享给 2 家二级医院的信息科，医院信息系统工程师将代码中的 SQL 脚本替换为适合自家医院信息系统的 SQL 脚本后开始测试和手工试运行，1 周之后，也采用 Linux cron 的方式自动运行。

总结

受试对象拦截系统经过约 10 天的开发，顺利完成并开始运行。由于采用快速应用开发的方式，用户参与早，反馈非常及时，整个系统比较简单，花费也非常小。系统可以较好地满足客户的实际业务需求，极大地提高了疾病预防控制中心随访效率，疾病预防控制中心随访组的工作人员对这个系统非常满意。

这次受试患者拦截系统的开发过程，让我颇有感触，并不是投资巨大的大型系统才是好系统。这次系统采用批处理的方式，无 Web 界面、无用户授权，按照与常规信息化系统比较，这个系统顶多算一个初期模型，但在系统实际使用过程中发现，很贴合业务实际需求，虽然系统本身非常简单，但发挥了极大的价值；另外一个感受就是，信息系统的价值只有在有能力的业务人员手里才能体现出来，没有人使用，系统就是一个摆设。

4.9 论信息系统开发方法及应用

摘要：

本文以某国有企业的 B2B 商品棉交易平台的电子商务门户网站系统（以下简称"门户网站"）建设为例，讨论信息系统开发方法及应用。本文作者认为项目实施中选择合适的开发方法，既能满足用户需求，又能提高整个项目的交付质量，对整个项目起着至关重要的作用。本文结合项目组工作的实际经历，先是概要论述信息系统开发工作所包含的内容，然后说明项目中所采用信息系统的系统开发方法，以及应用这些方法对整个项目软件开发过程所起的作用，以及相应产生的效果。在项目的建设过程中，本文作者承担了需求开发、系统总体设计和部分核心代码的工作。该项目总历时 10 个月，通过合理应用信息系统开发方法使得系统满足了用户需求，系统上线一年多时间，集中储备棉交易过程没有出现问题，系统运行平稳，获得了用户的好评。

正文：

某国有企业为响应国家"互联网+"战略，对其原有的商品棉交易平台（以下简称"原交易平台"）制订了系统改造的计划。计划将原交易平台的业务功能进行面向互联网用户的访问方式与浏览习惯的重新设计；规划了棉花"电子仓单"HTML5 的展示平台、棉花交易后物流运输申请与棉花专业仓库保管平台，以及具有数据分析等相关功能的 B2B 电子商务门户网站。

该国有企业为了这个门户网站系统组织了系统建设的招标，2023 年 2 月我公司顺利中标并签订了合同，随后成立了项目组。我在项目中承担了需求分析、总体设计和部分核心代码的编写工作。该系统包含了棉花的电子仓单子系统，棉花交易后的运输申请、运输核查子系统，棉花存储到专业仓库的入库预约子系统。

本项目在开发中主要使用 Java 作为开发语言，采用 Springmvc+Mybatis 作为开发框架；采用 Oracle 数据库来存储结构化数据；采用了 Redis 作为分布式缓存，并将用户数据、权限数据、数据字典等结构化数据放到 Redis 里减少对数据库的请求，提高系统响应时间；对于系统用户行为日志、系统间数据交换日志等非结构化数据，使用 Mongodb 来存储；我们使用 Fastdfs 做系统的分布式文件存储大量的运输申请单扫描件、运输核查图片等小文件。

我首先阐述主要的信息系统开发方法的内涵及特点；然后结合项目的实际情况，再论述项目组采用了哪些信息系统开发方法；最后总结项目组在使用这些开发方法过程中出现的问题。

目前主流的信息系统开发方法有以下几种：

1. 结构化方法

结构化方法也称生命周期法，其精髓是自顶向下、逐步求精和模块化设计。基本思想是将系统生命周期划分为系统规划、系统分析、系统设计、系统实施、系统维护的阶段。开发过程是先把系统功能视为一个大的模块，再根据系统分析与设计的要求对其进行进一步的模块分解或组合。

2. 面向对象方法

面向对象方法认为客观世界中的任何事物都是对象，每一个对象都有自己的运动规律和内部状态，都属于某个对象"类"，是该对象类的一个元素。复杂的对象可由相对简单的各种对象以某种方式而构成，不同对象的组合及相互作用就构成了系统。主要采用 UML 的各类图来表现系统建模与开发的过程。

3. 原型化方法

原型化方法是根据用户初步需求，利用系统开发工具，快速地建立一个系统模型展示给用户，在此基础上与用户交流，最终实现用户需求的信息系统快速开发的方法。

4. 面向服务的方法

面向对象的应用构建在类和对象之上，随后发展起来的建模技术将相关对象按照业务功能进行分组，就形成了构件的概念。对于跨构件的功能调用，采用接口的形式暴露出来进一步将接口的定义与实现进行解耦，则催生了服务和面向服务的开发方法。

通过仔细分析上述系统开发方法的特点，我们决定综合运用多种开发方法组合，发挥各种开发方法的优势来指导我们项目的开发过程。

首先，我们按照结构化方法的生命周期将系统整个开发过程划分为需求、分析、开发、测试的四个关键的里程碑阶段，并规定每个里程碑的交付物。对于交付物的内容和形式，经过项目组讨论我们决定采用面向对象的 UML 的用例图、活动图、序列图为主要交付物，并采用 JAP 的方法组织相关项目关系人对每个里程碑的交付物进行评审。如在需求阶段，项目组采用用例图和活动图，识别和标识了需要使用系统的用户角色和外部对象；普通用户可以浏览棉花的电子仓单以及仓单对应的棉花质量信息；棉花运输的企业对应新建入库预约、运输申请和运费补贴申请三个用户角色，同时还需要对申请业务提供审核功能；对普通企业、交易商、运输核查企业提供注册、角色审核、角色添加等功能。先通过识别系统参与者，然后再对每个用例编写用例规约来详细描述系统应该实现的功能与功能的事件流。通过对用例图与用例规约的评审，形成 SRS 与需求基线。

其次，在此基础上项目组开始使用快速原型化方法。项目组使用 AXURE 软件作为原型开发的工具软件，编写了大量系统原型页面，有些页面甚至可以通过页面的交互演示系统功能之间调用关系与过程。完成一轮原型页面的编制后，我们组织了相关的项目干系人，结合需求基线的用例规约与系统原型，进行原型的讲解与评审。对于通过了评审的功能原型，我们优先安排进行系统设计与数据模型设计；对于未确认的部分，我们再次通过召开 JRP 会议，组织相关用户甚至邀请用户高层领导参与，对评审中有二义性和不确定性的需求进一步明确，然后重新修改原型和用例规约的描述。

最后，通过对原型与用例规约的分析，项目组设计了系统需要实现的类以及为了实现某个功能的类的组合形成了系统的业务构件。例如，通过对用例的扩展关系和包含关系进行分析，项目组构建了一个"用户中心"，把所有跟权限系统相关的用户、角色、菜单、组织机构（企业）等封装为实体类，并提供对这些实体类的 CRUD 操作，进行统一的用户管理与权限管理。

对"用户中心"里的每项服务，我们需要进行服务识别、服务规约描述与服务粗细粒度的划分。如我们设计了一个企业查询的服务，此服务支持系统中普通企业、交易商、运输核查企业的查询，三类企业的基类都是企业这个实体类，所以企业查询这个服务返回的数据部分包含如企业名称、企业信用代码证号、注册地址等跟企业基本信息相关的数据。如果是普通企业仅需要这些基本信息就可以了；如果是交易商的企业数据则还需要加上收费用户相关信息；如果是运输核查企业需要添加政策性用户相关信息。因此对企业查询服务类，我们就只要实现一个服务来支持其他功能查询企业的需要。我们通过采用面向服务的开发方法，对服务识别、服务编排组合、服务粗细粒度的划分，形成了系统数据字典与业务基础数据服务层、服务调度层。借助面向服务的开发方法，减少了开发工作量，避免了重复功能开发，提升了开发系统质量。

我们通过在本项目中采用多种系统开发方法相结合的方法，利用各种开发方法的优势来指导我们的系统开发过程，保证了整个项目的高质量交付。系统交付后的新棉花年度的交易高峰期，该国有企业商品棉的交易量大幅增加，由此我们也获得了客户的认可。

当然在本项目的系统开发过程中还存在一些待改进的地方。在实际使用过程中，我们对各类方法的应用和使用有一定分歧，因此需要我们花费较多精力来讨论使用这些方法的合理性。但从总体上来说，项目顺利交付客户，本项目采用的系统开发方法是比较合理的。

4.10 论软件的系统测试及应用

摘要：

本文以 2023 年 2 月份某国有企业的 B2B 商品棉交易平台的电子商务门户网站系统（以下简称"门户网站"）建设为例，讨论软件的系统测试及应用。我们认为软件的系统测试及应用，是整个项目中最关键性的工作之一。软件测试工作的好坏直接影响软件的质量好坏，会决定项目能否进入最终的验收、收尾工作。文章先是详细描述项目背景，概要论述软件系统测试的主要活动及其所包含的内容，阐述功能测试与性能测试的主要目标；然后详细讨论了项目组在实际中所采用的系统测试方法，具体描述了本项目系统测试实施过程以及应用效果；最后总结了项目测试过程中的问题。该项目通过合理应用系统测试方法，保证了软件的质量，在系统上线后的储备棉交易过程中，系统运行平稳，获得了用户的好评。

正文：

某国有企业为响应国家"互联网+"战略，对其原有的商品棉交易平台（以下简称原交易平台）制订了系统改造计划。计划将原交易平台的业务功能进行向互联网用户的访问方式与浏览习惯的重新设计；规划了棉花"电子仓单"HTML5 的展示平台、棉花交易后物流运输申请与棉花专业仓库保管平台，以及具有数据分析等相关功能的 B2B 电子商务门户网站。

该国有企业为了这个门户网站系统组织了系统建设的招标，2023年2月我公司顺利中标并签订了合同，随后成立了项目组。我在项目中承担了需求分析、系统整体测试和部分核心代码的编写工作。该系统包含了棉花的电子仓单子系统，棉花交易后的运输申请、运输核查子系统，棉花存储到专业仓库的入库预约子系统，以及支持国家实现对棉花的宏观调控的大数据分析平台。

本项目在开发中主要使用Java作为开发语言，采用Springmvc+Mybatis作为开发框架；大量的棉花质量数据和用户等结构化数据采用Oracle数据库来存储；为了支持预计的1000个用户的并发访问，系统采用了Redis作为分布式缓存，将用户数据、权限数据、数据字典等结构化数据放到Redis里减少对数据库的请求，提高系统响应时间；对于系统用户行为日志、系统间数据交换日志等非结构化数据，使用Mongodb来存储；考虑系统还需要存储大量的运输申请单扫描件、运输核查图片等小文件，我们使用Fastdfs做系统的分布式文件系统，这种采用针对不同类型信息资源进行多服务器集群的构架设计，为系统在集中地高并发访问时分摊了系统压力，提高了系统的稳定性，降低了系统性能风险的影响。

我首先概要论述系统测试的主要活动及其所包含的主要工作内容，阐述功能性测试和性能测试的主要目的；然后再论述本项目中采用的系统测试方法，以及实施过程与测试方法应用实际效果。

系统测试的目的是在真实系统工作环境下，验证完整的软件配置项能否和系统正确连接，是否满足系统/子系统设计文档和软件开发合同规定的要求。系统测试的依据是开发合同或用户需求，除应满足一般测试的准入条件外，在进行系统测试前，还应该确认被测试系统的所有配置项已通过测试，对需要固化运行的软件还应提供相应的固件。一般来说，系统测试的主要工作包括功能测试、健壮性测试、性能测试、用户界面测试、安全性测试、安装与反安装测试等；其中，最重要的工作是功能测试和性能测试。功能测试主要采用黑盒测试方法；性能测试主要验证系统在承担一定的负载的情况下所表现出来的特性是否符合用户的需要，主要指标有响应时间、吞吐量、并发用户数和资源利用率等。功能测试的目的是测试系统是否达到了用户提出的需求以及隐含需求。性能测试的目的是验证系统是否能够达到用户提出的性能指标，同时发现软件系统存在的性能瓶颈，并优化软件，最后起到优化系统的目的。

下面我将结合项目的实际情况，阐述本项目所采用的系统测试过程与应用效果。

首先通过对SRS进行功能分解，对分解后每个功能形成测试用例。

在进行测试的时候，我们引入了自动化测试工具Selenium和禅道来做bug的跟踪管理。项目中，我们从需求工程里生成的SRS中的用例规约形成了测试用例，登记在禅道软件的bug管理流程里，并在禅道里给每个测试机用例分配了测试验证人员。根据需求功能的分级和测试脚本运行的结果，由测试人员对bug进行了分级。

本项目中，"电子仓单"的形成过程涉及5个部门的10个用户角色，这样导致系统的集成测试与确认测试流程非常长、过程也很复杂，涉及的业务系统与系统功能、用户、角色都很多。为了保证所有测试的质量，我们通过把整个过程分解并识别了货权人的"预约入库申请""物流运输经办人确认""物流主管审核""仓库到货经办人确认""仓库主管审核""交割经办人确认""交割主管审核""财务对费用的经办人确认""财务主管审核"共9个测试用例。这使整个仓单形成的所涉及的功能点测试都能对应到实际业务需求上，保证了功能需求的实现和实现质量。

对于有多个业务流程交互的仓单状态，我们采用等价类划分与边界值分析并结合判定表，对不同业务类型的逻辑状态进行等价类划分，使得测试用例覆盖了仓单在多个业务流程时的状态。

其次，为了提高测试的效率，我们在项目中还使用自动测试工具 Selenium，此工具通过在用户浏览器端嵌入的插件能够录制并保存 Web 界面上的操作，然后通过回放录制的模拟用户操作功能完成测试用例。这个工具的使用大大提高了测试效率。

通过多轮对系统功能的测试，终于完成了用户对系统功能的确认。

最后，由于本项目是对原业务系统进行"互联网+"的改造，因此我们还进行了两轮的系统性能测试，以满足系统存在高并发访问的情况。

我们先对系统分解的用例可能存在的高并发访问的功能进行了分析。经过项目组与用户技术部门一起讨论，大家一致同意对"用户登录"和"交易行情展示"两个用例场景进行性能测试。这里我们引入了性能测试工具 LoadRunner 来模拟高并发的用户登录和访问首页的"交易行情展示"，同时对应用服务器和数据库服务器进行了 I/O、CPU、网络流量、内存占用率等方面的监测。

经过第一轮的性能测试，发现了系统在出现 500 个用户同时登录时，系统响应时间会大大延迟。登录成功后页面会跳转到首页，由于首页嵌入了 4 个交易的行情数据展示，因此增加了服务器瞬间的请求数量。我们在对系统功能进行优化调整时，通过将用户数据、用户角色以及角色权限导入 Redis 缓存，用户登录的身份验证和鉴权过程从原来通过查询数据库角色、菜单、用户表改成从 Redis 缓存里获取这 3 个 Redis 的缓存对象方式实现。这样减少了系统对数据库的查询，提高了高并发用户登录时的系统响应能力；同时对首页的行情展示进行异步加载数据的控制程序来限制并发访问。通过这样的调整后，再进行一轮性能测试，终于排除了并发访问时系统性能上的问题。

项目历时 7 个月，通过这样多轮的功能测试与两轮性能测试后，该门户网站终于在 2022 年 9 月中旬顺利交付。系统交付后的新棉花年度的交易高峰期，该国有企业商品棉的交易量大幅增加，由此我们也获得了客户的认可。

当然在本项目的系统测试过程中还存在一些待改进的地方。因为在测试过程中我们引入了如自动化测试工具、缺陷管理工具等比较新的测试工具，所以在实际的工具使用过程中，我们熟悉新工具花费了不少时间，也导致出现了一些重复工作。我相信随着我们对工具的逐步熟练，在我们以后的系统测试过程中会越来越好。但是总的来说，项目顺利交付客户，本项目对系统测试方法和过程的改进还是起到了很重要的作用，保证了系统交付的质量。

4.11　论系统测试技术及应用

摘要：

2022 年 7 月，我作为项目负责人，参加了某银行的统计数据发布系统建设项目。该项目合同金额 230 万元，合同工期为半年。统计数据发布系统的主要目标是为该行建设一个企业级的数据统计、分析、发布平台，实现定制化的数据应用、分析、展示功能；实现灵活的综合查询分析、明细数据查询、固定报表展示、移动设备数据展示、风险分析、自助取数等功能，达到"统一数据来源、统一数据口径、统一数据出口"的数据管理目标。

本文结合本人在该项目中的实践，分别讨论了单元测试、功能测试、集成测试和性能测试各阶段测试的特点，详细阐述了各阶段所采用的具体测试措施和策略。其中，重点讨论了性能测试的类型和如何在项目中实践各种性能测试。项目最终成功实施完成并顺利验收，得到了客户高层领导的高度认可。

正文：

某银行在各项经营活动中积累了大量的数据资源，这些数据除了支撑银行生产业务流程的正常运转之外，也越来越多地被用于支撑监管报送、精准营销、战略决策、风险控制、绩效考核等运营管理和决策过程的数据分析工作。为了满足业务部门和管理人员不断增长的报表数据需求，为决策分析提供依据，反映全行业务发展情况，识别和监测风险状况。某银行管理层迫切需要规划和建立科学、规范、易于扩展、灵活性强的统计数据发布平台。这样就可以进一步完善全行报表体系，降低该行报表开发成本和难度，缩短报表开发周期，规范报表使用流程，降低管理与维护复杂度，实现统计数据集中及统计报表统一、规范管理。

2022 年 7 月，我作为项目负责人，参与并主导了该银行的统计数据发布平台项目，该项目合同金额 230 万元，实施周期为半年。本项目产品架构基于 Java 的 B/S 架构，数据库平台是 Oracle 11g，中间件为 Weblogic，报表展现工具采用国内知名的 Smartbi 产品，调度工具为国内产品 TASKCTL，数据采集工具采用开源的 Kettle。

我们在 IBM 完全生命周期测试模型的基础上，根据本项目的具体特点和要求，结合成本效率进行了裁剪，形成本项目的测试策略、总体测试计划和详细测试计划，并得到了银行方技术部门的认可。测试整体上划分为单元测试、功能测试、集成测试、性能测试和验收测试等阶段。验收测试主要由银行方的业务人员进行。本文重点讨论前面 4 个阶段的测试。

一、单元测试

该阶段测试工作有应用系统测试和 ETL 开发单元测试。

应用系统测试由于是用 Java 开发，所以采用了 JUnit 进行单元测试，由于本项目是基于标准产品的二次开发，类的数量不多。因此我们要求开发人员对每个新开发的类都要写对应的测试类，测试通过后需要写单元测试报告，并要求组内人员交叉检查执行。

ETL 开发是采用 Perl 脚本+存储过程的方式进行的，单元测试阶段主要采用公司自主研发的 ETL 开发自动化测试工具。测试人员进行合理的配置，可自动化运行 ETL 脚本，可进行空值检查、主键重复检查等。

二、功能测试

由于本系统既要在 PC 端展示，同时也需要在移动端展示，因此要求应用系统的功能测试主要通过编写一份测试案例能在多个终端执行。我们使用公司自主研发的基于 STAF 自动化测试框架的测试工具进行功能测试，确保页面功能在跨平台，如 PC 端、安卓端、苹果端都能运行正常，并确保在各个终端的链接跳转都是符合预期的。

三、集成测试

集成阶段需要将每个 ETL 作业配置在调度工具上，因此集成测试阶段主要测试调度作业是否按照各种串行、并行机制分别运行，确保依赖作业的先后顺序执行。

对于银行信息系统，数据指标的正确性是重中之重。以往项目中，由于对数据准确性测试不充分，导致试运行阶段不断返工，不仅增加了开发人员投入，还导致了验收期的延长。

本阶段的测试重点是测试数据加工的准确性。我们主要采用以下措施：

（1）每个字段的值域范围测试，譬如某个指标的历史波动范围在 100 万～300 万元之间，那么加工后的指标就不应该超过这个范围。

（2）借助于业务经验，采用总分比对的方式。银行一般有分户账和汇总账两本账。分户账通过按照机构、科目分类从明细汇总后，应当和现有的汇总账一致。以上测试时都可用公司自主研发的 ETL 测试工具，在上面配置校验规则后进行测试执行。另外，测试数据的完整性是确保数据准确性的关键所在，因此我们便在测试案例编写过程中同步进行测试数据的申请。

四、性能测试

性能测试的目的是验证软件系统是否能够达到用户提出的性能指标，同时发现软件系统中存在的性能瓶颈，并优化软件，最后起到优化系统的目的。具体来说，包括以下四个方面。

（1）发现缺陷：软件缺陷往往与软件性能密切相关，因此缺陷测试需要结合性能测试一起进行。

（2）性能调优：性能调优并不一定发现性能缺陷，还可以更好地发挥系统潜能。

（3）评估系统的能力：测试能够满足性能需求的条件极限。

（4）验证稳定性和可靠性：在一定负载下一段时间内，评估系统稳定性和可靠性是否满足要求的方法。

性能测试类型包括基准测试、负载测试、压力测试、稳定性测试、并发测试等。项目实际中，我们采用 LoadRunner 作为性能测试工具。

基准测试方面，我们主要测试系统在用户登录数处于非月初正常水平下，系统的各项运行指标，并将各项指标进行记录作为参考。

由于每月初系统用户数都会有一个激增的过程，主要是因为月初为各业务部门进行数据统计报送的高并发期。因此需要基于这个用户数量再加上未来 5 年内该行业务部门统计人员增加的预估情况进行负载测试和压力测试。

我们要求系统的负载测试能至少持续 10 个工作日，压力测试要求系统运行的各项指标不能低于基准测试指标的 80%。这些基准指标中，我们重点关注数据查询响应效率指标，要求 1 千万级记录数以下的表查询响应时间为 1 秒以内；1 千万～3 千万级记录数的查询响应时间为 3 秒以内；

3千万~6千万级记录数的查询响应时间为6秒以内。同时，在测试过程中，还要及时发现ELT作业运行时间超过基准指标的作业进行整改，避免了这些作业在上生产后由于运行缓慢导致整体时间窗口延长。

2022年12月，本项目历时半年后，在双方项目领导的大力支持下，在双方项目组成员的共同持续奋战下，项目最终成功实施完成并顺利验收。由于客户的高层领导在手机移动端看到了准确数据组的业务指标，而且界面美观、功能流畅，因此高度认可该项目。客户的科技部门也给我们公司发来了表扬信，并与公司快速签约项目的二期建设。本项目的成功很大程度上得益于采用了科学测试技术、测试方法，测试取得的不错效果，有力保障了项目的质量。

项目仍然存在不足的地方，具体有以下几个方面：开发人员测试观念不强，虽然要求进行单元测试，但是开发人员没有很好地执行，导致在集成测试阶段发现较多问题。公司自主研发的测试工具在配置上不够灵活，无法快速配置大量测试案例。一些测试案例的数据准备不够完备。

我们从实践中领会到测试确实可以在保证软件质量方面起到很大的作用，但同时我们也认识到测试中还有很多领域和知识点需要继续研究和实践。新技术的发展对测试也提出了新的要求和挑战，需要我们继续研究探索。

4.12　论信息系统的安全与保密设计

摘要：

本人所在工作单位承担了我市"城乡智慧建设工程综合管理平台"项目的开发工作。我有幸参与了本项目，并担任架构师一职，全面负责需求分析和系统设计等工作。本项目主要包括公众访问平台、数据服务中心、企业排名评价等功能模块。本文主要讨论系统安全和保密技术在项目中的实施效果。相关技术包括通过数据持久化技术，实现表示层和真实数据的隔离，保障数据的访问安全；通过动态验证技术防止网络爬虫攻击，同时对验证码进行后台自动更新，保障系统可用性；通过生物识别技术对用户的人脸进行实人认证，保障系统的访问安全。最后，文章指出了我在项目软件设计中的不足之处，采取了何种补救措施，以及我对项目总体设计工作的心得体会。

正文：

2022年11月，城乡智慧建设工程综合管理平台项目开发工作正式启动。项目的建设目标主要有三个方面：一是实现建设工程从招标投标、合同备案、施工许可，到建设施工、竣工备案全生命周期的监管；健全完善评价制度、奖励制度、惩罚制度，不断提高工程建设质量安全管理水平。二是实现全市施工企业通常行为、在建工程现场行为和从业人员的动态评价，建立了建筑施工企业诚信综合评价体系。每日动态更新评价结果，并将评价结果运用于招投标活动，促进了建筑市场的健康发展。三是建立我市建筑行业数据共享平台。向相关业务部门提供包括企业基本信息库、工程基本信息库、从业人员基本信息库、诚信评价信息库在内的数据共享服务。实现面向全市的建筑业"四库"信息的统一应用与发布；同时实现定时向住建部推送我市建筑业的相关数据。

接到项目研发任务后，我所在公司高度重视，第一时间调派人手，组织精干力量进行系统研发。

本人有幸在该项目中担任系统架构师角色，全程参与了该系统的需求分析、架构设计、系统开发等项目建设工作。

在项目的设计过程中，我意识到本项目较为复杂，业务子系统和功能模块很多，面临严峻的系统安全性和保密性要求的压力，需在系统建设的同时保证系统具有良好的安全性和保密性。

我对项目进行了整体的分析与评价，结合项目业主的经验，分析整理出本项目所面临的三项系统安全性风险。

（1）对外展示的公众平台存在安全隐患。有不法分子为了获得平台数据，运用网络爬虫技术进行暴力抓取导致服务器瘫痪，影响系统的可用性。

（2）本项目功能庞大，参与开发的人员众多，水平参差不齐，在编码过程中很难杜绝例如 SQL 注入漏洞的发生，影响数据安全。

（3）建造师注册管理等 APP，仍采用传统的账号密码的方式进行登录，很难保证系统的访问安全。

为了解决这些问题，我分别采用了动态验证码技术、数据持久层技术、生物识别实名认证技术。下面我将详细叙述我的具体实现方法和实施效果。

一、应用动态验证码技术保证系统可用性

项目面向公众的访问平台，主要面向公众展示企业基本信息、项目基本信息、从业人员基本信息、诚信评价信息四个大类，每个大类下面又划分了若干子类。每类信息均以列表的形式进行展示，用户点击列表行再展示信息详细内容。

由于建筑行业信息的特殊性，时常有不法分子通过网络爬虫技术收集企业资质、施工许可、项目经理等数据，严重时甚至造成服务器不堪重负而无法访问。为了保障信息安全，我采用了数字验证码、文字验证码、图形验证码进行数据访问验证。具体设计方式是先建立 iValidCode 接口类，不同验证码类均需明确实现 iValidCode 定义的验证码调用方法、验证码的验证方法。调用时将具体的验证码对象作为参数传递给平台调用程序，实现验证码的展示和验证。通过这种设计方法，能够很好地实现算法的灵活替换。我们通过每月定时对验证码长度、文字、图形进行简单替换，杜绝了网络爬虫攻击的再次发生。

二、应用数据持久层技术保障数据访问安全

我对项目的数据类型进行了详细的调研和分析，将数据类型分为企业基本信息、项目基本信息、从业人员基本信息、诚信评价信息四个大类，每个大类下面又划分了若干子类。我结合项目实际应用提供了两种数据访问方式。针对单个数据的增删改查操作，通过 Hibernet 技术建立实体关系模型，将数据表映射为实体关系操作对象。针对复杂数据的查询，我们首先在数据库中创建数据库视图，再将视图映射为实体关系查询对象，与普通的实体对象查询方式一致。为此，我们组建了经验丰富的数据管理小组，专门负责针对实体类的更新与维护，且复杂的 SQL 查询语句只能由这个小组进行编写和维护。数据管理小组还负责面向全项目组的数据访问编码培训公众，指导开发人员如何高

效地使用实体类查询方法获得想要的结果，大大地提高了开发工作的效率。通过数据持久化设计，很好地实现了用户请求和真实数据的隔离，保障了数据访问安全。同时，我们在数据访问层对数据查询通过优化 SQL 语句和数据缓存技术很好地保障了系统的运行性能，取得了很好的应用效果。

三、应用生物识别技术保障 APP 系统访问安全

当前软件行业成熟的生物识别技术总体上有两大类：一类是指纹识别；另一类是人脸识别。由于指纹识别模块在当今智能手机的设计中有被逐步淘汰的情况，苹果等厂家推出的新手机不再支持指纹识别功能，所以指纹识别不在考虑范围之内。

针对人脸识别，有两种实现方式：一种是人脸照片与公安部人脸数据库对比，这种方式成本较高，一次识别的费用接近 1 元钱；另一种是人脸照片与另一张照片进行对比，这种方式成本低，而且不需要用到第三方验证平台支持。最终经过权衡，我采用了人脸照片与人员数据库原先保存的登记照片进行对比的设计方式。后来经过多次优化，人脸识别率达到了百分之九十以上。为了保证用户登录更加可靠，我还采用了手机三要素的认证方式进行身份认证。具体方法是通过第三方服务验证接口，验证姓名、身份证号码、手机号码这三要素是否属于同一人，认证成功后该用户就可以通过短信验证码的方式登录系统。通过这种设计，很好地杜绝了冒名顶替办理二级建造师相关业务的情况，保证了系统的访问安全。

2023 年 10 月，项目正式上线并最终通过了用户的验收，在这之后系统运行稳定，良好地支撑了我市建筑行业管理的日常业务工作，获得了业主各业务部门的一致好评。但在系统运行过程中，随着业务数据的不断增长，出现了部分功能查询效率降低的问题。针对这一问题，我在不对系统数据结构进行大的修改的前提下，对这部分业务数据表进行水平切割，将数据按照年度进行分表存储，同时优化视图减少每次查询的数据范围，提升了查询速度。虽然这一问题得到了圆满的解决，但是也暴露出我在需求分析过程中的不足，对我在将来的工作中起到了良好的借鉴作用。

通过这个项目，本人在项目的需求分析、系统架构、安全性设计等方面都积累了很多的宝贵经验。也让我从一名软件架构设计师"新手"，逐步成长为一名合格的软件架构设计师。我带领的项目组也被评选为优秀开发团队，我也获得了优秀架构师的称号。在以后的项目架构工作中，我会通过不断深入而全面地学习，提高自身的知识和理论水平，努力为我的家乡、国家信息化建设贡献自己的一份力量。

4.13 论网络系统的安全设计

摘要：

2024 年 8 月，我参加了某公司的数据中心建设项目，并担任项目经理，负责项目的规划设计、进度跟踪、相关问题调度协调等工作。整个项目投资总额 600 多万元，历时 6 个月。某公司为了加强信息化资源整合，将不再允许各个分公司和生产单位单独建设信息化数据中心及业务系统。项目实施完成后，数据中心将承载全公司的信息化系统业务，因此保障数据中心的网络和信息安全成为

了项目建设的重中之重。我从项目实践出发讨论网络系统的安全设计，首先论述目前网络安全和信息安全主流的技术和方法；其次结合作者在该项目的具体实践与国家等级保护的具体要求，重点分析了项目中采用的硬件安全产品、软件安全产品以及管理措施；最后分析和评估了该项目中安全系统的效果、瓶颈以及相关改进措施。

正文：

某公司是一家基础通信运营商，数据中心负责各种业务系统、网管系统、支持系统的接入，很多系统因为业务需要，需要面向公众提供互联网服务，因此会时刻受到来自互联网的安全威胁，比如 DDoS 攻击、安全渗透等。由于各个系统的应用不同，暴露的端口不同，受到攻击的类型也各不相同，因此提高数据中心的安全防护能力势在必行。公司数据中心建设项目于 2020 年 8 月正式启动，我担任项目组组长，负责整个项目的规划设计、进度跟踪、相关问题调度协调等工作。整个项目投资总额 600 多万元，历时 6 个月。公司数据中心建设项目的重要任务之一就是保障数据中心的网络与信息安全。

为了提高数据中心网络系统的安全性，结合项目实际，我们进行了三个方面的设计及考虑：一是对比了目前主流的网络安全和信息安全技术和方法；二是根据项目需求和国家等级保护的具体要求，进行合适的信息系统等保定级备案，重点分析了在网络安全和信息安全中采用的硬件安全产品、软件安全产品以及管理措施；三是分析和评估项目中网络安全措施的效果、瓶颈以及相关改进措施。下面我就这三个方面的设计及考虑进行详细的论述。

一、主流的网络和信息安全技术分析

数据中心常用的网络和信息安全技术有异常流量检测技术、恶意代码防护技术、僵尸木马蠕虫防护技术、Web 防护技术、抗 DDoS 流量清洗技术。其中，抗 DDoS 攻击和 Web 防护对数据中心来说是最基础和关键的能力。

针对不同流量大小的攻击，可以有三种方式来进行应对：

（1）网络流量小于 1Gb/s 时，可以采取部署防火墙的方式进行应对。

（2）网络流量小于 10Gb/s 时，可以采取流量牵引、流量清洗和路由黑洞的方式进行应对。

（3）网络流量高于 10Gb/s 时，可以采取分布式 CDN 和近源防护的方式进行应对。

Web 防护可以分为硬件 WAF 和软件 WAF 两种方式。硬件 WAF 使用专用硬件，处理性能强大；软件 WAF 则采用开源软件方式搭建，处理性能稍弱，但具有良好的性价比。

主要的信息安全技术有上网日志留存技术、不良信息监测技术、一键封停技术等。其中不良信息监测技术和一键封停技术对数据中心来说非常重要。在数据中心中，大量的公网用户通过互联通道访问数据中心的业务系统，各个系统可能存在被攻击或者渗透后被遗留的不良信息。因此部署不良信息监控平台对整个数据中心的业务系统起着关键性的保护作用。同时为了规避风险，降低影响，在发现不良信息后，应具有立即响应和处置能力，所以一键关停功能也至关重要。

二、数据中心网络安全方案分析

本项目涉及 31 个分公司和 10 个生产单位，共有 79 个业务系统。有的业务系统，比如 CRM 系统需要保持稳定，能持续为公众提供服务，属于较为重要的信息系统。公司的数据中心中类似于 CRM 的系统不下 20 个，我们将这些信息系统的安全等级均定为三级。即认定这些信息系统受到破坏后，会对社会秩序和公共利益造成严重损害，或者对国家安全造成损害。

关于数据中心的网络安全建设项目方案，我重点介绍以下三个方面：

（1）采购硬件安全产品。

为了抗 DDoS 攻击，我们在数据中心核心交换机上，以旁路的方式，部署华为 EDUMON8000 应对普通低于 1Gb/s 的流量攻击。在数据中心互联网出口区，部署华为的入侵检测设备 NIP5000 和 AntiDDoS8000 清洗设备，通过路由牵引和黑洞路由的方式，应对低于 10Gb/s 的攻击。针对 Web 应用攻击，则通过部署华为 WAF5000 Web 应用防火墙利用其独创的行为状态链检测技术，有效应对盗链、跨站请求伪造等特殊的 Web 攻击。

（2）采购软件安全产品。

为了检测和发现不良信息，我们部署了不良信息检测平台。在系统前端以独占带宽的方式接入 Web 爬虫系统。通过爬虫系统对目标网站进行数据搜索采集后，回传给后台数据接收处理服务器，由数据接收处理服务器将数据归类写入数据库和存储空间，供用户查询和管理。针对一键关停，通过部署一键关停平台，后端人员可以在 3 分钟内完成问题网站的关闭。

（3）加强管理措施。

我们制定了《某公司信息系统操作规程》，对管理人员的工作做了详细要求，并与年终考核相关联。比如：工作人员定期对计算机信息系统安全运行进行常规检查，及时排除各种安全隐患；工作人员应定期对重要数据进行备份等。

三、项目实施效果分析

项目在实施完成后，各类信息系统与数据中心均达到了等保三级的安全防护要求。在实际测试中，针对 10Gb/s 的流量的攻击，目前配置的安全系统，能在 10 秒之内，检测并自动进行防护。

在最初的网络规划设计中，对网络设备本身的安全考虑不多，在此问题上，我提出了将网络设备安全域逻辑划分为控制平面、转发平面、管理平面三大安全层面，每个安全层面的具体功能不同。控制平面主要目标是保证设备系统资源的可用性和路由的安全性，使得路由器可以正常实现路由交换、更新。转发平面主要目标是对异常流量进行控制，过滤常见病毒流量，包括：UDP 端口为 1434、1026 和 1027 的流量，TCP 端口为 445 的流量。管理平面主要目标是保护路由器远程管理及本地服务的安全性，关闭 IP 网络设备不使用的管理平面服务，如 FTP/SFTP、HTTP 服务、NETCONF 等。这样操作之后，网络设备本身的安全得到加强。

历时 8 个月，在整个项目组全体成员的共同努力下，某公司的数据中心建设项目，如期顺利完成。项目得到了领导、用户的认可，特别是在网络安全设计上，给予了高度评价。当然，在项目实施过程中也遇到了一些问题，比如配合业主单位在各分公司的协调上遇到了不少困难，安全系统的运维培训也没有组织到位，在今后的项目设计规划中，我将总结经验和教训，不断学习改进，不断提升网络设计工作能力和水平。

4.14 论原型法及其在信息系统开发中的应用

摘要：

2022 年 4 月，我作为系统分析师，有幸全程参与了某省电力公司的新一代电力交易管理系统开发。该项目合同额为 815 万元，工期 10 个月，项目旨在实现电网公司和发电企业之间的需求计划及电力交易。该系统主要功能包括电厂档案、设备管理、交易计划、电价管理、计量计费、交易结算等。在项目设计开发中，我主要负责系统分析及系统设计等工作。由于本项目总体功能框架明确，但详细的业务功能范围和实现都较为模糊，我选择原型法进行设计。本文结合项目实践详细阐述确认用户基本需求、设计可运行的系统原型、试用评价和修改完善原型、形成最终信息系统等具体的原型法开发过程；阐述了项目实践过程中遇到的问题和解决办法。得益于原型法的正确使用，系统按期交付且成功上线，项目组得到了领导及客户的一致好评。

正文：

随着电力改革的不断深入，新能源的不断发展，电力市场和电力业务也在不断地发展和变化。另一方面，各行各业的数字化转型如火如荼地进行着，借助"互联网+""云大物移智"等信息技术实现数字化转型。电网公司为了拥抱这种变化，亟待建立开放、互联、互动的电力交易新模式。

在此背景下用户计划建设新一代电力交易管理系统项目，项目合同额 815 万元，建设工期 10 个月，主要针对电网公司和发电企业之间进行购电交易需求的基本管理。经过调研，我们得到系统主要功能模块包括电厂档案管理（电厂的业扩、档案、报装）、设备管理（电厂电量计量设备的维护与管理）、交易计划管理（按周期进行交易计划的制定）、电价管理（结合国家政策进行电价版本的调整）、计量计费（与计量自动化系统交互获取电厂每月购电电量，并根据购电量和相应电价计算电厂购电电费）、交易结算（与财务及计量自动化等外部系统完成交易结算和资金划转）等业务模块。本项目中，我有幸担任系统分析师，主要负责系统分析和系统设计等工作。鉴于项目总体功能框架明确，只有具体详细的功能需求和实现较为模糊。考虑到原型法易于理解、便于沟通、可以不断完善等优点，经我提议、经项目组讨论后决定采用原型法进行系统设计。

原型法的核心是用交互的、快速建立起来的原型替代那种形式化的、僵硬的需求说明，原型是一个可以实际运行、反复修改的、可以不断完善的系统。原型法的基本思想是在投入大量的人力、物力、财力之前，在有限的时间内，用经济的方法开发出一个可实际运行的系统模型，用户在使用原型基础上对其评价、提出修改意见，开发者对原型进行修改后再提交用户使用，它实质上是一个构造、使用、评价、修改、再使用、再评价、再修改的螺旋式精进演化过程。

原型法主要开发过程的主要阶段有确认用户的基本需求，设计可运行的系统原型，试用评价和修改完善原型等。

接下来，我将结合项目具体情况，详细阐述原型法的具体实践。

一、确认用户的基本需求

这个阶段的任务是确认用户的基本需求，由用户提出基本需求，如功能需求、界面需求、数据需求、应用范围、运行环境等。

由于本司深耕电力行业多年，在电力交易系统研发方面积累了十年以上的研发实施经验，项目团队核心骨干均拥有多年的相关系统设计研发经验，因此在与用户沟通需求时双方都能听懂对方的话，沟通比较通畅、顺利。

首先，项目组向用户演示了我司电力交易方面的成熟产品，重点演示了功能、性能、架构等内容，并突出了产品的亮点。接着，项目组询问了客户对新一代电力交易管理系统的初步想法，尤其是新能源方面，诸如风电、光伏、充电桩/站、园区/社区能源等。随后就客户提出的问题进行了应答，阐述了对新一代系统的初步设计理念。最后，双方达成了初步的一致意见。

具体而言，新系统界面遵循国网统一风格，采用国网统一开发工具 SG-UAP 进行开发，采用微服务架构；地理信息组件采用 SG-GIS，流程引擎使用 SG-BPM；需要与营销系统、精细化设备管理 PMS 系统、生产调度 SCADA 系统、财务系统 SG-ERP 等进行交互；运行环境为国家电网综合信息内网。实践表明，用客户的话阐述客户的业务，大大地拉近了双方的距离，增强了沟通效率，为项目后一步的开发奠定了良好的基础。

二、设计可运行的系统原型

该阶段任务是设计可运行的系统原型，开发者根据用户提供的基本信息快速地构建一个仿真模型。

与用户确定基本的功能要求之后，项目组开始搭建初始原型。系统采用结构化方法，自顶而下，创建用户界面原型。首先，项目组使用 PPT 创建了整体用户界面模型。其次，请美工进一步设计了原型界面。最后，针对某个子模块，项目组使用 Axure Pro 开发了演示页面，这个演示页面包含页面风格、展示内容、功能菜单、功能按钮。

这种用户界面原型，一目了然，使得用户能获得系统的主要功能，建立最直观的感受，一方面能大大缩短与用户之间的距离，降低用户沟通成本。另一方面也激发了用户参与的积极性和创造性，也给团队合作营造了较好的合作氛围。针对核心业务，项目组则使用 Visio 构建业务流程；通过 Axure 生成的静态页面进行流程跳转。

三、试用评价和修改完善原型

这个阶段的任务是快速仿真原型构建之后，交由用户使用。用户对其进行使用、检查分析效果、指出不合理之处、提出合理的建议、补充遗漏的细节，然后开发者认真细致地反复修改、完善，直到用户满意为止。这个阶段可以细分为试用评价原型、修改完善原型两步。

初始原型开发完毕，项目组向用户提出了初审评审会申请，主要邀请用户专家组和我司开发骨干参加，就系统的功能、界面、流程、数据、接口等方面逐一进行评审。首先，由我们的产品经理运行系统初始原型，讨论原型的每个页面、按钮、Tab 页等。如果用户有任何意见，则停下来进行阐述、沟通，并做好记录。其次，由系统架构师推演各类核心业务，与甲方业务专家强调细节。再次，根据不同的业务确定各类 API 接口。初评之后，项目组根据双方讨论结果，按模块修改原型修改完之后，再提交甲方评价，如此反复，直至双方都满意为止。接下来，双方召开复审会，复审范围扩大到双方的所有干系人，比如甲方的基层单位系统使用人、我司的所有项目组成员。由于之前有双方专家把关，因此复审会就比较顺畅，但甲方的基层操作人员依然提出了不少建设性意见，项目组逐一采纳，最后双方达成了一致意见。实践表明，先邀请双方专家小范围评审，明确系统的方向，有助于提高沟通效率，也降低了沟通成本，为后续复审打下了良好的基础。

四、整理原型，提供文档，形成最终的信息系统

当原型通过复审之后，项目组则根据原型进行开发。这一阶段的任务主要是原型文档化，并进行系统实际开发。前者的工作输出是详细设计说明书，后者的工作输出便是可投入试运行的真实的系统。该系统采用微服务架构，使用 SG-UAP 开发，使用 SG-GIS 地理组件，使用 SG-BPM 流程引擎，实现了电厂档案、设备管理、交易计划、电价管理、计量计费、交易结算等功能；并可以与营销系统、精细化设备管理 PMS 系统、生产调度 SCADA 系统、财务系统 SG-ERP 完成数据和流程交互。

经过 9 个月艰苦的迭代开发，系统于 2023 年 1 月成功上线。现已稳定运行一年多，得到了客户、领导的一致认可，现如今也已经向全省所属的各个地市和区局进行了推广使用，将来也有计划向其他省市推广。得益于原型法的正确使用，项目才能快速稳定地上线。通过本次项目的设计与实现，我更加体会到选择正确的软件设计方法能节省很多时间、经费，可以达到事半功倍的效果。

4.15　论面向服务方法在信息系统开发中的应用

摘要：

2024 年 1 月，作为公司的系统分析师，本人有幸参与了某省公安厅新一代智慧警务管理系统的开发，该项目合同金额为 1200 万元，工期 11 个月，项目旨在实现警务信息数字化及协同化，使得警务资源高度融合，提高公安服务便捷性，主要功能包括重点人员管控、报警管理、舆情监控、情报分析等管理模块。在本项目的设计开发中，本人主要负责系统分析及系统设计等工作。鉴于本项目的总体框架明确，每个模块功能独立并且要求模块间松耦合以适应业务的不断变化，我选择了面向服务方法的设计。本文将结合项目实践详细描述等面向服务方法的开发过程，阐述项目实践中遇到的问题及解决方法。得益于面向服务方法的使用，系统按期交付且成功上线，得到领导及客户的一致好评。

正文：

近年来，随着公安信息化建设的持续推进，我国公安机关的警务改革已开始迈上智能化发展的

快车道,警务和人之间的相互感知、联系越来越紧密,报警、舆情监控、综合情报分享等智慧警务建设已成为当代警务发展的新趋势,构建智慧警务将极大提高公安机关警务管理的精细化和科学化水平,极大提升公安机关的执法水平和服务水平。新一代智慧警务管理系统,就在此背景下诞生,项目金额为1200万元,工期11个月,项目的主要功能包括重点人员管控、报警管理、舆情监控、情报分析等管理模块。本项目中,我有幸担任系统分析师,主要负责系统分析和系统设计等工作。

鉴于本项目的总体功能明确,每个模块功能明确并且要求模块间松耦合以适应业务的不断变化,考虑到面向服务的方法可以将不同功能的单元通过良好的接口和契约联系起来,把应用功能以服务的形式交付,具有高内聚、松耦合、弹性扩展等特点,可以将企业的 IT 资源集成成可操作、基于标准的服务,使其能被重新组合和应用,因此我提议经项目组讨论后决定使用面向服务的方法设计。

众所周知,基于面向服务的开发方法将系统的不同功能单元定义为服务接口,这些接口独立于硬件、操作系统和编程语言,服务以统一和通用的方式进行交互,其主要过程有:

1．识别服务。根据系统的需求,从业务流程中抽象出具有业务功能的服务,从而识别出系统中需要的服务,形成候选服务列表,并进行服务暴露决策。

2．设计服务。对每项服务进行详细的设计,包括服务的输入和输出、接口、实现、数据模型、安全性约束、响应时间等。

3．实现服务。根据设计,实现每个服务,通过表示层、服务层、业务逻辑层及数据持久层等分层方式进行。

4．测试服务。对每项服务进行单元测试,确保其功能正确。

5．组合服务。将各个服务组合成系统,进行整体测试。

6．部署服务。将系统部署到生产环境中。

基于本项目中的重点人员管控、报警管理、舆情监控、情报分析等功能具备自包含、粗粒度、松耦合、可复用等特点,为使各个功能子系统可以独立演化,我决定采用面向服务的方法来指导项目开发。

一、项目前期进行业务过程分析,获取关键服务列表

由于我司深耕公安警务行业多年,在警务系统研发方面积累了超过 10 年的研发实施经验,团队核心成员均具有多年行业相关的研发经验,能深刻理解业务。

首先,项目组进一步梳理业务需求,使用 UML 进行建模,实施识别服务方法,确定核心用例、聚合关系、对大粒度服务进行构件识别;并将智慧警务这个业务总目标分解成重点人员管控、报警管理、舆情监控、情报分析等子目标;然后分析哪些服务是用来实现这些子目标的,分别得出重点人员服务发现和定位接口、报警信息接入服务接口、舆情监控的采集服务接口以及情报的多种模型分析接口等。其次,对这些服务候选者进行组合,并且按照各个子目标的业务范围,划分为服务目录。最后,将这些发现的服务目录提交到项目组讨论并最终确定。

实践证明,将系统目标分解成功能独立的子目标,发现与各个子目标对齐的候选服务并确定及组合调整,可以确保关键的服务在流程分解和已有资产分析的过程中没有被遗漏。

二、中期阶段设计及细化服务

发现各个服务并形成服务列表后，项目组迅速开始设计及细化服务。

首先，项目组利用 SoapUI 工具，使用标准的 Web 服务描述语言 WSDL 来定义各个服务，规范性地描述各个服务各个方面的属性，包括输入和输出、规则、服务、安全性约束、响应时间；同时进行相关消息、事件的定义和管理等，比如在重点人管控模块定义了 20 个多服务接口，包括"位置定位服务""位置上传服务""重点人关联服务"等，每一个接口提供的服务均与需求 SRS 文档一一对应。舆情管理模块，则定义了"舆情采集服务""舆情主题服务""舆情影响范围服务"等 10 多个服务接口，可以供报警管理模块和情报分析模块集成调用。

其次，项目组对所有的服务进行讨论与服务暴露决策，决定哪些服务暴露和哪些服务不暴露。在这个过程中，项目组主要遵循服务暴露的三个原则：业务对齐、可组装、可重用。比如报警管理模块中"报警人社会图谱"就因为数据保密性决定不对其他模块开放，仅作为模块内部调用；而"地图 GIS 服务"可重用，决定暴露给重点人管控模块、舆情管理模块和情报分析模块集成。

最后，所有的服务以文档的形式固定下来并在项目组中多次评审最后达成共识。

实践证明，清晰、详细的服务的定义，可以帮助系统进一步明确各个服务的服务边界；可以使得各个服务具备独立自主、自包含、松耦合的特点；能减少歧义，为后续实现服务打下良好的基础。

三、后期实现服务并最终完成开发系统

在完成服务详细的定义后，项目组开始完成每个服务的实现。具体而言，项目中的重点人员管控、报警管理、舆情监控、情报分析等管理模块的各个业务逻辑层的各个服务均是标准的 Web 服务。系统基于 J2EE 平台开发运行，服务端使用 SSM 架构，应用服务器使用 Tomcat，数据库是 MySQL，Web 服务的工具使用了开源的 Apache CXF。

报警管理模块的表示层，实现了"PGIS 服务"提供大屏上地图显示功能。情报分析模块分为表示层、业务逻辑层及数据持久层。其中，情报分析模块表示层，收到模型计算请求后确定服务接口，根据接口服务定义 WSDL 相关地址进行服务绑定，返回结果；业务逻辑层则主要根据情报模型进行计算，结果以 JSON 格式返回；数据持久层的服务则在 MyBatis 中实现，负责与底层数据源交互。层与层之间职责分明，分工明确，遵循依赖倒置原则，层之间以接口交互，降低了耦合，同时有利于复用和替换。实践证明，按照层次分别实现的各个接口，能够快速把控系统的方向，提高了开发的效率，降低错误的几率，为后续交付打下良好的基础。

项目经过 11 个月艰苦奋战研发，系统经过多次交付、迭代发布之后于 2024 年 12 月成功上线，现已稳定运行 4 个多月，得到客户、领导的一致认可。现如今已经向某省公安厅所有部门推广使用。通过本次项目的设计与实现，我更加体会到选择正确的系统开发方法能够让整个项目开发工作节省很多不必要的时间、精力、财力的支出和浪费，从而得到事半功倍的效果。

4.16 论大数据架构的应用

摘要：

本文以我参与过的生鲜网购平台为例，阐述大数据架构在项目开发中的应用。某某公司的生鲜平台是一个以销售生鲜、酒水为主的平台，该平台面向的客户为酒店、食堂之类的买家。该项目有着并发高，数据量大的特点，这就需要平台能够处理实时的数据，并且保证数据的准确性。我以系统架构师的身份参与了这个项目，并在这个项目中采用了 Lambda 架构去解决大数据的统计问题。在新的生鲜网购平台的 Lambda 三层架构中，从加速层处理实时数据；以批处理层处理历史数据；服务层则根据加速层和批处理层结果进行处理，并快速响应请求。实践证明，Lambda 架构将实时的流式运算和历史数据的批处理计算分离，通过加速层的流式计算保证了数据计算的实时性，通过批处理层的计算保证了数据的准确性。项目最终顺利完成，我在得到了领导的嘉奖的同时，也对 Lambda 架构有了更深的理解。

正文：

随着中国互联网的飞速发展，很多商家逐渐把线下的生意搬到了互联网上，与此同时，人们也把自己的采购商品的习惯从线下搬到了线上。本公司作为一个以买卖生鲜的企业也不例外，也早已把业务搬到了线上。同时该公司又是一个以销售驱动为业务核心的企业，把销售的市场区域，划分为网格，每个网格由对应的销售经理负责。每个网格都有一定的特殊性，销售经理需要经常通过销售系统查看各个网格的销售情况以及各种销售指标，用以指导每个销售员制定销售方案。仓储系统可以根据销售数据分析每个仓库需要分配并囤积的生鲜品类及数量。然而，随着业务系统的扩张，我们的订单量从之前每天几百张的订单量，增加到现在每天几万张的订单量，并且订单数量还在以很高的速率增长，预期在未来几年内达到每天超十万的订单量。因此 2023 年，公司投入 260 万，重新开发了一套新的生鲜网购平台，用于以适应新的业务、具备更高的业务处理能力。我担任了该项目的系统架构师，并在这个项目里选择了 Lambda 架构来支持大数据的计算。以下便是我在项目中对 Lambda 架构使用的详细说明。

生鲜网购平台项目在处理统计数据方面有两个要求。第一，要能够处理实时的数据，对请求返回的结果要能反映实时情况。第二，由于历史的订单可能存在变动，比如说用户的退货，这种往往不能计算在有效订单中，所以我们需要在一段时间内定期对数据做批量处理，保证数据的准确性。而 Lambda 架构既能够处理历史数据又能处理实时数据，所以在生鲜网购平台项目中，Lambda 架构是处理统计数据的不二之选。

大数据开发主要的架构有 Kappa 架构和 Lambda 架构。其中 Lambda 分为加速层、批处理层、服务层三个组成部分。加速层以流式方式做处理实时数据，每次处理的数据量相对较少，处理速度快，处理时间短，能为系统提供低近乎实时的数据视图。批处理层用于批量处理历史数据，负责存储和管理不易改变的原始数据，并运行预定义的批处理作业来预计算结果。批处理层处理的数据集量大，处理时间长。服务层的作用是，汇总批处理层和加速层的处理结果，提供全面的数据视图，并对客户端的请求进行快速响应。

Lambda 加速层用于处理实时数据。从业务上来讲，财务部门认定 5 天以后的数据不会再改变，而最近 5 天的数据可能因为客户的退货，或者补增订单等的原因导致销售订单会发生改变，所以我们以 5 天作为一个时间点，对最近 5 天的数据做流式处理，而剩下的数据使用批处理层进行修正。通过跟业务人员沟通，他们也允许在这段时间内的一些指标性数据存在一定的误差。按照这个思路，我们指定了实现方案，拿订单举例，当每次产生有效订单，生成订单的服务在把订单信息存入数据库的同时，也会传入 Kafka 消息队列中，而 Spark 服务器从 Kafka 中读取数据，经过流式处理，不断地把结果更新到 Redis 中去。并且，我还部署了多台 Spark 服务器，不但保证了处理的效率，还保证了 Spark 服务的高可用性。

Lambda 批处理层用于处理历史数据。生鲜网购业务的复杂性是客观存在的，流式处理的数据也会因为业务的复杂，在统计时产生一定的误差。所以，需要把最近 5 天之外的数据放在批处理层重新计算；也因为 5 天之后的数据不会产生变动，所以我们认为这次生成的数据是最正确的数据。为实现这样的功能，我负责搭建了 Hadoop，编写处理脚本，从 Mysql 数据库中读取数据，然后使用 MapReduce 对数据进行统计，最终生成年度数据，月度数据和周数据，并将它们存入 Mysql 数据库中。这个过程在每天凌晨 4 点钟运行，并在运维人员监督下完成。然而这个服务也产生过一些问题，由于批处理时间稍长，期间读取数据库过于频繁，导致前端业务产生一些性能问题，所以我们只对最近一年的数据进行重新统计。一年之外的数据基本没有人再查询调用，所以我们将这些数据从 Mysql 中提取出来转存进 HDFS 中归档。这样大大降低了数据库的查询时间，也为后面其他的数据分析任务奠定了基础。

Lambda 服务层根据加速层和批处理层计算结果进行简单计算，并快速响应请求。举个简单的例子说明，销售人员有时会希望查询自己当月的 KPI 绩效，只需要通过 APP 客户端访问 Spring Boot 服务。从 Redis 缓存中取出最近 5 天的统计数据，以及从数据库中取出当天凌晨通过批量运算生成的本月数据，相加便是最终的结果，然后将结果返回给请求的 APP 客户端。通过这类简单的计算，销售人员不但可以查询自己当前网格的销售情况，管理人员也可以看到自己管辖下的销售人员的工作情况，而领导也可以通过这些数据快速地看到一些战略指标。仓储人员还可以通过这些数据预测每个仓库需要分配的生鲜，减少了转运的菜品折损，为公司大大降低了成本。这些操作并不需要经历太多的计算，只需要借助这些预处理的数据，就可以很快地得出需要的结果。

这个项目经历了 6 个月的时间，项目也成功上线。Lambda 架构生鲜网购平台不仅可以提供公司领导期望的数据分析功能，还能完成大规模订单数据统计，实现用户行为分析。这是我第一次使用 Lambda 架构，在领导的信任和同事的支持下，我最终完成了任务，最终完成了公司领导赋予的研发任务。而我对 Lambda 架构也有了更深刻的理解。

第5章 阅卷办法

这里我们以"需求分析方法及应用"为例，说明试题评分要点及得分情况。

题目：需求分析方法及应用

需求分析是提炼、分析和仔细审查已经获取到的需求的过程。需求分析的目的是确保所有的项目干系人（利益相关者）都理解需求的含义并找出其中的错误、遗漏或其他不足的地方。需求分析的关键在于对问题域的研究与理解。为了便于理解问题域，现代软件工程所推荐的需求分析方法是对问题域进行抽象，将其分解为若干个基本元素，然后对元素之间的关系进行建模。常见的需求分析方法包括面向对象的分析方法、面向问题域的分析方法、结构化分析方法等。而无论采用何种方法，需求分析的主要工作内容都基本相同。

请围绕"需求分析方法及应用"论题，依次从以下三个方面进行论述。

1. 简要叙述你参与管理和开发的软件系统开发项目以及你在其中所承担的主要工作。
2. 概要论述需求分析工作过程所包含的主要工作内容。
3. 结合你具体参与管理和开发的实际项目，说明采用了何种需求分析方法，并举例详细描述具体的需求分析过程。

5.1 评分要点

本题得分要点如表 5.1.1 所示。

表 5.1.1 论文得分要点

得分项	具体要点	得分范围
摘要 （共 10 分）	摘要总结性强、逻辑性强	0～10 分。摘要不足 300 字扣 5-10 分，摘要不足 120 字论文直接不及格
正面回应题目要求 （共 40 分）	项目背景部分描述，介绍软件系统开发项目基本信息、软件系统开发项目构成、软件系统开发项目团队组成	0～5 分
	概要论述当前常见的需求分析技术，具体有功能分析法、数据流分析法、信息建模分析法、面向对象分析法、PDOA 法等	至少阐述 2～3 种技术，共 3 分。只阐述一种技术得 1 分
		每种技术具体阐述得 6 分，共 12 分。
	结合实际开发项目，至少详细阐述两种具体应用需求分析方法的过程，并且分析具体效果，给出具体的经验之谈	至少阐述 2～3 种过程，共 3 分。只阐述一种技术得 1 分
		每个过程具体阐述得 6 分，共 12 分。注意，题目要求是详细阐述，因此这部分内容是阐述的重点
	结尾部分描述： （1）实施效果评价 （2）存在问题及相关改进措施	共 5 分
表达能力 （共 10 分）	文章完整且合理、语句流畅	0～10 分
综合能力与分析能力 （共 15 分）	评测方案完整、真实有特色、效果明显	0～15 分

注意：项目涉及国家重大信息系统工程且作者本人参加并发挥重要作用，并且能正确按照试题要求论述的论文，可以适当加分。

5.2 不及格卷判定标准

不及格论文特点如下：
（1）走题。
（2）虚构情节、文章不真实。
（3）没有体现实际经验，通篇纯理论表述。
（4）文章涉及的内容与方法过于陈旧，或者项目水准十分低下。
（5）正文字数少于 1200 字，摘要字数少于 120 字。
（6）文理很不通顺、错别字很多、条理与思路不清晰等情况相对较多。
（7）项目太小，属于本科生实习项目。

零分论文特点如下：

（1）试卷总的字数不足 15 字。

（2）完全走题。

（3）出现反动内容、违反法律规定、背离社会伦理与价值观、辱骂阅卷与监考老师、有作弊的痕迹等内容。

结尾提醒："写"比"看"更重要

很多考生在看完文章模板，看完范文，听完写作课之后，突然发现论文写作"如此简单"，但是到了实际写作阶段，还是会遇到这样或那样的问题。其实，距离通过论文考试，还差最后，也是最关键的一步，那就是"写"。写一篇文章，胜过听 1 天的论文课程，胜过背诵 1 个框架，胜过读 10 篇范文；而这是老师帮不上忙，使不上劲的事情。所以从现在开始练习写作吧！文章写作流程建议如下：

> 写文章！
> 读一遍！
> 请一位老师批阅！
> 考生返修！

经过上述几轮流程的练习之后，论文部分的通过概率大大增加，而论文写作也就不再是难点了。最后，读者可以将文章投递到邮箱 syhnjs@qq.com 中，与我们进行互动。

附录　近年系统分析师论文真题

2012 年

试题一　论软件需求管理及其应用

软件需求工程关注创建和维护软件需求文档需展开的一切活动。需求工程可分为需求开发和需求管理两项工作，其中需求管理的目标是为软件需求建立一个基线，供软件开发及其管理使用，确保软件计划、产品和活动与软件需求的一致性。从软件需求工程的角度来看，需求管理包括在软件开发过程中维持需求一致性和精确性的所有活动。

请围绕"软件需求管理及其应用"论题，依次从以下三个方面进行论述。
1．概要叙述你参与管理和开发的软件项目以及你在其中所承担的主要工作。
2．详细论述软件需求管理的主要活动及其所包含的主要内容。
3．结合你具体参与管理和开发的实际项目，说明是如何采用软件需求管理方法进行需求管理的，说明具体实施过程以及应用效果。

试题二　论敏捷开发在企业软件开发中的应用

敏捷开发是一种以人为核心、迭代、循序渐进的开发方法。在敏捷开发中，软件项目被切分成多个子项目，各个子项目的成果都经过测试，具备集成和可运行的特征。尽管目前敏捷开发的具体名称、理念、过程、术语尚不尽相同，但业界普遍认为：相对于"非敏捷"开发，敏捷开发更强调程序员团队与业务专家之间的紧密协作、面对面的沟通、频繁交付新的软件版本、紧凑而自我组织型的团队、能够很好地适应需求变化的代码编写和团队组织方法，也更注重软件开发中人的作用。

请围绕"敏捷开发在企业软件开发中的应用"论题，依次从以下三个方面进行论述。
1．概要叙述你参与实施的应用敏捷开发的软件项目以及你所承担的主要工作。
2．叙述你在软件项目实践过程中采用了怎样的敏捷开发基本原则并说明理由。
3．具体阐述该项目采用的敏捷开发方法，以及实施过程中存在的问题和解决方法。

试题三　论信息化建设中的企业知识管理

企业知识管理（Enterprise Knowledge Management，EKM）是指利用现代信息技术，开发企业知识资源，调动人力资源学习潜能，并建立与之相适应的组织模式，推进企业现代化进程，提高企业核心竞争力和经济效益的过程。信息化建设是企业实施知识管理的基本工具，它为企业知识管理提供技术和资源支持；企业知识管理为解决信息化建设出现的问题提供理论指导。构建企业知识管理系统是信息化建设中企业知识管理的重要组成部分，利用知识管理系统对有价值的信息即知识进行强化管理，采用信息技术与人相结合的方式建立并管理连接于客户、企业及供应商之间的知识链，以整合组织知识学习过程，提高组织竞争力。

请围绕"信息化建设中的企业知识管理"论题，依次从以下三个方面进行论述。

1. 概要叙述你参与的企业知识管理系统的开发项目以及你所承担的主要工作。
2. 分析在信息化建设中实施企业知识管理的主要阶段，并详细阐述每个阶段的内容和主要工作。
3. 企业知识管理系统的构成是与知识管理过程密切相关的，简要介绍你所参与构建的企业知识管理系统的主要模块及其功能。

试题四　论大数据处理技术及其应用

近年来，互联网、云计算、移动计算和物联网技术迅速发展，数以亿计的网络用户、无所不在的移动设备、RFID 和无线传感器时时刻刻都在产生海量的数据，并且需要处理的数据呈几何级数增长。另一方面，企业业务需求和竞争压力对海量数据处理的实时性、有效性提出了更高的要求，传统的数据处理方法往往无法适应这种变化。在这种背景下，企业需要针对"大数据"的应用特征，选取更加合适的数据处理方法与技术。

请围绕"大数据处理技术及其应用"论题，依次从以下三个方面进行论述。

1. 概要叙述你参与实施的、与大数据处理相关的开发项目及你所承担的主要工作。
2. 请从数据量、数据分析需求和硬件平台三个方面阐述大数据处理系统与传统数据处理系统的差异；列举并解释大数据处理系统应该具有的重要特征（至少列举四个）。
3. 阐述你参与实施的项目在进行大数据处理时遇到了哪些问题，是如何解决的。

2013 年

试题一　论面向对象建模方法的应用

随着软件技术的发展，面向对象方法日益成为信息系统软件开发的主流技术，而面向对象建模技术是其中的关键。模型是软件开发的根本，大型、复杂的软件系统的开发是一项工程，而建模是系统化认识所开发软件的一个初步途径。

面向对象建模技术流派众多，包括 OMT 方法、OOSE 方法、OOA/OOD 方法等。统一建模语言的出现极大地促进了面向对象建模方法的普及与应用，已经成为当前面向对象建模方法的标准。

请围绕"面向对象建模方法的应用"论题，依次从以下三个方面进行论述。

1. 概要叙述你参与管理和开发的信息系统项目以及你在其中所承担的主要工作。

2．论述常见的面向对象建模方法的主要内容，包括每种模型的核心思想。

3．具体阐述你参与管理和开发的项目中使用的是哪种面向对象建模方法以及选择该方法的原因，给出具体的实施过程和实施效果。

试题二　论软件企业的软件过程改进

软件过程是人们用来开发和维护软件以及相关产品的一组活动、方法和实践，是软件企业中最复杂、最重要的业务流程。软件过程改进（Software Process Improvement，SPI）帮助软件企业规划、实施软件过程的改进，为企业的业务服务，必须受企业发展战略的指导。软件过程改进通过在软件开发实践中发现软件过程中的问题，并在实践中找到解决问题的办法，不断推动软件过程的持续改进，提高产品或服务的质量，提高软件开发的效率。软件企业想要高效率、高质量和低成本地开发软件，必须以软件过程改进为中心，全面开展软件工程和质量管理。

请围绕"软件企业的软件过程改进"论题，依次从以下三个方面进行论述。

1．概要叙述你参与的软件过程改进项目以及你所承担的主要工作。

2．详细论述软件企业实施软件过程改进的主要步骤及每个步骤的工作内容。

3．结合你参与的软件过程改进项目，具体阐述软件企业主要是对软件过程的哪些环节实施软件过程改进，并详细说明实施效果。

试题三　论企业业务流程优化

业务流程优化是通过不断发展、完善、优化业务流程，保持企业竞争优势的重要方法。在流程的设计和实施过程中，要对流程进行不断改进，以期取得最佳效果。业务流程优化不仅仅指做正确的事，还包括如何正确地做这些事。为了解决企业面对新的环境，在传统的以职能为中心的管理模式下产生的问题，还必须对业务流程进行调整，从本质上反思业务流程，优化或重新设计业务流程，以便在衡量绩效的关键指标（如质量、成本、速度、服务）上取得突破性的改善。

请围绕"企业业务流程优化"论题，依次从以下三个方面进行论述。

1．概要叙述你参与管理和开发的业务流程优化项目以及在其中所承担的主要工作。

2．详细论述业务流程优化的过程及业务流程方法。

3．结合你具体参与管理和开发的实际项目，举例说明所选取的需要优化的业务流程以及优化的具体实施过程，并详细分析流程优化的效果。

试题四　论信息系统的可靠性分析与设计

随着企业信息化程度不断提高，企业的正常运作高度依赖于信息系统为其持续不断地提供有效服务，这对信息系统的可靠性提出了更高的要求。为了提高系统的可靠性，需要对系统进行可靠性分析与设计，对信息系统生命周期中故障的发生、发展规律进行研究，实现预防故障、消灭故障的目标。信息系统的可靠性分析与设计的重要内容是根据业务可靠性需求，建立可靠性模型，反复进行可靠性指标的预计与分配，选择合适方案，逐步将可靠性指标分配到系统各个层次或部件中。

请围绕"信息系统的可靠性分析与设计"论题，依次从以下三个方面进行论述。

1．概要叙述你参与管理和开发的信息系统以及你在其中所承担的主要工作。

2．容错技术是提高系统可靠性的常用技术，请列举两种常见的系统容错技术，并对每种技术进行解释。

3．结合你具体参与管理和开发的信息系统，说明在系统分析与设计过程中针对何种具体的可靠性要求，使用了哪些提高系统可靠性的技术，具体实施过程和效果如何。

2014 年

试题一　论信息系统开发方法及应用

信息系统是一个复杂的人机交互系统，它不仅包含计算机技术、软件技术、通信技术、网络技术以及其他工程技术，它还是一个复杂的管理系统，需要管理理论和方法的支持。因此，与其他工程项目相比，信息系统工程项目的开发和管理显得更加复杂，所面临的风险也更大。如何选择一个合适的方法，以保证在多变的市场环境下，在既定的预算和时间要求范围内，开发出让用户满意的信息系统，是信息系统设计时所必须考虑的首要问题。

请围绕"信息系统开发方法及应用"论题，依次从以下三个方面进行论述。

1．简要叙述所参与管理和开发的软件项目，并明确指出你在其中承担的主要任务和开展的主要工作。

2．目前比较主流的信息系统开发方法主要包括：结构化方法、面向对象方法、面向服务的方法、原型化方法、快速应用开发、敏捷开发等。

3．考生需结合自身参与项目的实际状况，指出其参与管理和开发的项目中是如何应用所选择的开发方法指导系统开发的，说明具体的实施过程、使用的方法和工具，并对实际实施效果进行分析。

试题二　论业务流程建模方法及应用

业务流程建模是系统分析阶段一项非常重要的工作，是业务功能分析的进一步细化。业务流程建模的目的明确各个部门之间的业务关系和每个业务处理的意义，详细了解各个业务流程的执行过程，为业务流程的合理化改造提供建议，为系统的数据流程变化提供依据。业务流程建模的任务包括明确企业职能是如何在有关部门具体完成的，在完成这些职能时信息处理工作的一些细节情况，确定流程工作过程以及与企业其他要素之间的关系，对业务流程进行设计或改等。

请围绕"业务流程建模方法及应用"论题，依次从以下三个方面进行论述。

1．概要叙述你参与实施的项目以及你所承担的主要工作。

2．给出三种业务流程建模方法，并对每种方法进行简要描述。说明你在该项目中采用了哪种业务流程建模方法，结合项目特征说明采用该方法的原因，并详细描述业务流程建模过程。

3．阐述在进行业务流程建模过程中遇到的主要问题及该问题是如何解决的。

试题三 论数据库集群技术及应用

随着经济的高速发展,企业的用户数量、数据量呈爆炸式增长,对数据库管理提出了严峻的考验。数据库系统是大多数商业信息系统的核心,因此除了业务逻辑之外,企业对数据库系统的系统性能、数据可靠性和服务可用性都提出了较高要求。为满足企业用户的实际需求,近年来数据库集群技术出现了飞速发展。

按照数据库集群的架构可分为共享磁盘型和非共享磁盘型数据库集群。不同的数据库集群产品采用了不同数据同步机制,各具特色,可满足不同类型的应用需求。业务在实现信息系统时,需要根据数据管理的实际需求,选择合适的数据库集群产品。

请围绕"数据库集群技术及应用"论题,依次从以下三个方面进行论述。

1．概要叙述你参与实施的软件项目以及你在其中所承担的主要工作。
2．请说明你所参与的软件项目对数据管理的需求,结合数据库集群技术的特点,论述你是如何应用数据库集群技术或设计数据库集群系统的。
3．简要说明数据库集群产品的应用效果及存在的问题。

试题四 论企业信息集成技术及应用

企业信息集成(Enterprise Information Integration)是企业借助信息技术将与其应用系统相关的信息资源、信息技术、内部部门、外部企业和用户集成起来实现数据共享,通过企业信息集成技术,完成数据在不同数据格式和存储方式之间的转换,对来源不同、形态不一、内容不等的信息资源进行系统分析、辨清正误、消除冗余、合并同类、进而产生具有统一数据形式的有价值信息,提高企业的竞争能力和适应能力。企业通过专用集成接口、共享数据库或集成平台技术,实现企业内部的信息集成和外部的信息集成。

请围绕"企业信息集成技术及应用"论题,依次从以下三个方面进行论述。

1．概要叙述你参与的企业信息集成项目以及你所承担的主要工作。
2．详细论述企业内部信息集成和企业外部信息集成分别包括哪些方面,其主要集成内容有哪些。
3．具体阐述你所参与的企业信息集成项目,涵盖了哪些内、外部信息集成内容,实现了哪些信息集成功能,具体实施效果如何。

2015 年

试题一 论项目风险管理及其应用

项目风险是一种不确定的事件或条件,一旦发生,会对项目目标产生某种负面(或正面)的影响。项目风险管理是项目管理人员通过风险识别、风险估计和评价,并以此为基础合理地使用多种管理方法、技术和手段，对项目活动设计的风险实施有效的控制，采取主动行动，创造条件，可靠地实现项目的总体目标。

请围绕"项目风险管理及其应用"论题，依次从以下三个方面进行论述。

1．概要叙述你参与管理和开发的软件项目以及你在其中所承担的主要工作。
2．论述在信息系统项目中，风险管理的基本过程。
3．针对你参与的实际项目中的风险，阐述该项目的风险管理过程，并具体说明其实施效果。

试题二　论软件系统测试及其应用

软件系统测试是将已经确认的软件与计算机硬件、外设、网络等其他设施结合在一起，进行信息系统的各种组装测试和确认测试。系统测试是针对整个产品系统进行的测试，目的是验证系统是否满足了需求规格的定义，找出与需求规格不符或与之矛盾的地方，进而完善软件。系统测试的主要内容包括功能测试、健壮性测试、性能测试、用户界面测试、安全性测试、安装与反安装测试等，其中，最重要的是功能测试和性能测试。功能测试主要采用黑盒测试方法。

请围绕"软件系统测试及其应用"论题，依次从以下三个方面进行论述。

1．概要叙述你参与管理和开发的软件项目以及你在其中所承担的主要工作。
2．详细论述软件系统测试中功能测试的主要方法，自动化测试的主要内容和如何选择适合的自动化测试工具。
3．结合你具体参与管理和开发的实际项目，说明你是如何采用软件系统测试方法进行系统测试的，说明具体实施过程以及应用效果。

试题三　论软件系统的容灾与恢复

随着计算机应用的日益普及和不断深入，软件系统的规模和复杂性急剧增大，软件已经成为系统中的核心部件。在航空航天、武器装备、医疗设备、交通、核能、金融等安全攸关的应用领域，软件系统失效将导致灾难性的后果。因此，当软件系统的一个完整应用环境因灾难性事件遭到破坏时，为了迅速恢复系统的数据和环境，需要采用灾难备份和恢复技术，确保软件系统能够快速从灾难造成的故障或瘫痪状态恢复到正常运行状态，并将其支持的业务功能从灾难造成的不正常状态恢复到可接受状态。

请围绕"软件系统的容灾与恢复"论题，依次从以下三个方面进行论述。

1．概要叙述你参与管理和开发的软件项目及在其中所承担的主要工作。
2．详细论述容灾系统灾难恢复的主要技术，涵盖灾难恢复的技术指标、灾难恢复等级划分、容灾系统的分类等方面。
3．结合你具体参与管理和开发的实际项目，说明该项目中是如何实施灾难恢复的，实际效果如何。

试题四　论非关系型数据库技术及应用

非关系型数据库（NoSQL 数据库）在数据模型、可靠性、一致性等诸多数据库核心机制方面与关系型数据库有着显著的不同。非关系型数据库技术包括：

（1）使用可扩展的松耦合类型数据模式对数据进行逻辑建模。

（2）为遵循 CAP 定理的跨多节点数据分布模型而设计，支持水平伸缩。

（3）拥有在磁盘和（或）内存中的数据持久化能力。

（4）支持多种非 SQL 接口来进行数据访问。非关系型数据库都具有非常高的读写性能，尤其在大数据量下，依然表现优秀，数据之间的弱关联关系使得数据库的结构简单，实现了更细粒度的缓存机制，具有更好的性能表现。

请围绕"非关系型数据库技术及应用"论题，依次从以下三个方面进行论述。

1. 简要叙述你参与的使用了非关系型数据库的软件系统开发项目以及你所承担的主要工作。

2. 详细论述非关系型数据库有哪几类不同的实现方式，每种方式有何技术特点和代表性数据库产品。

3. 根据你所参与的项目中使用的非关系型数据库，具体阐述使用方法和实施效果。

2016 年

试题一　论软件需求验证方法及其应用

在软件开发过程中，如果后期或在交付之后发现了需求问题，则修补需求错误需要投入大量的人力物力。因此，开展软件需求验证，对软件需求规格说明书（Software Requirement Specification，SRS）的正确性和质量进行验证，是需求分析的重要工作内容。需求验证也称为需求确认，主要内容包括：确定 SRS 正确地描述了预期的、满足项目干系人需求的系统行为和特征；确定软件需求是从用户需求、业务规格和其他来源中正确推导而来的；确定需求的完整性、一致性和高质量。需求验证为后续的系统设计、实现和测试提供了足够的基础。

请围绕"软件需求验证方法及其应用"论题，依次从以下三个方面进行论述。

1. 概要叙述你参与管理和开发的软件项目以及你在其中所承担的主要工作。

2. 简要说明需求验证的主要方法及实施过程。

3. 结合你具体参与管理和开发的实际项目，阐述所选择的验证方法及其原因，说明具体实施过程，并详细分析实施效果。

试题二　论软件的系统测试及其应用

软件测试是软件交付客户前必须要完成的重要步骤之一，目前仍是发现软件错误（缺陷）的主要手段。系统测试是将已经确认的软件、计算机硬件、外设、网络等其他元素结合在一起，针对整个系统进行的测试，目的是验证系统是否满足了需求规格的定义，找出与需求规格不符或与之矛盾的地方，从而提出更加完善的方案。系统测试的主要内容包括功能性测试、健壮性测试、性能测试、用户界面测试、安全性测试、安装与反安装测试等。

请围绕"软件的系统测试及其应用"论题，依次从以下三个方面进行论述。

1．概要叙述你参与管理和开发的软件项目以及你在其中所承担的主要工作。

2．详细论述软件的系统测试的主要活动及其所包含的主要内容，并说明功能性测试和性能测试的主要目的。

3．结合你具体参与管理和开发的实际项目，概要叙述如何采用软件的系统测试方法进行系统测试，说明具体实施过程以及应用效果。

试题三　论软件开发模型及应用

软件开发模型（Software Development Model，SDM）是指软件开发全部过程、活动和任务的结构框架。软件开发过程包括需求、设计、编码和测试等阶段，有时也包括维护阶段。软件开发模型能清晰、直观地表达软件开发全过程，明确规定了要完成的主要任务和活动，用来作为软件项目工作的基础。对于不同的软件项目，针对应用需求、项目复杂程度、规模等不同要求，可以采用不同的开发模型，并采用相应的人员组织策略、管理方法、工具和环境。

请围绕"软件开发模型及应用"论题，依次从以下三个方面进行论述。

1．简要叙述你参与的软件开发项目以及你所承担的主要工作。

2．列举出几种典型的软件开发模型，并概要论述每种软件开发模型的主要思想和技术特点。

3．根据你所参与的项目中使用的软件开发模型，具体阐述使用方法和实施效果。

试题四　论信息系统规划及实践

信息系统建设是投资大、周期长、复杂度高的系统工程。系统规划可以减少信息系统建设的盲目性，使系统具有良好的整体性和较高的适应性，建设工作有良好的阶段性，并能缩短系统开发周期，节约开发费用。信息系统规划紧密围绕组织发展目标，统筹分析组织发展、业务开展所需的各类信息以及相关的业务系统、信息管理系统，提出完整的信息整合、集成方案，各类信息系统的建设方案，提出面向组织战略发展的系统开发计划。信息系统的规划是系统生命周期中的第一个阶段，也是系统开发过程的第一步，其质量直接影响系统开发的成败。

请围绕"信息系统规划及实践"论题，依次从以下三个方面进行论述。

1．概要叙述你参与管理和开发的信息系统建设项目及你在其中所承担的主要工作。

2．根据系统规划的主要人数，详细论述系统规划工作的主要步骤。

3．结合你具体参与管理和开发的实际项目，说明如何实施系统规划，并指出具体实施过程中遇到的问题和解决方案。

2017 年

试题一 论需求分析方法及应用

需求分析是提炼、分析和仔细审查已经获取到的需求的过程。需求分析的目的是确保所有的项目干系人（利益相关者）都理解需求的含义并找出其中的错误、遗漏或其他不足的地方。需求分析的关键在于对问题域的研究与理解。为了便于理解问题域，现代软件工程所推荐的需求分析方法是对问题域进行抽象，将其分解为若干个基本元素，然后对元素之间的关系进行建模。常见的需求分析方法包括面向对象的分析方法、面向问题域的分析方法、结构化分析方法等。而无论采用何种方法，需求分析的主要工作内容都基本相同。

请围绕"需求分析方法及应用"论题，依次从以下三个方面进行论述。

1．简要叙述你参与管理和开发的软件系统开发项目以及你在其中所承担的主要工作。
2．概要论述需求分析工作过程所包含的主要工作内容。
3．结合你具体参与管理和开发的实际项目，说明采用了何种需求分析方法，并举例详细描述具体的需求分析过程。

试题二 论企业应用集成

在企业信息化建设过程中，由于缺乏统一规划和总体布局，使企业信息系统形成多个信息孤岛，信息数据难以共享。企业应用集成（Enterprise Application Integration，EAI）可在表示集成、数据集成、控制集成和业务流程集成等多个层次上，将不同企业信息系统连接起来，消除信息孤岛，实现系统无缝集成。

请围绕"企业应用集成"论题，依次从以下三个方面进行论述。

1．概要叙述你参与管理和开发的企业应用集成项目及你在其中所承担的主要工作。
2．详细论述实现各层次的企业应用集成所使用的主要技术。
3．结合你具体参与管理和开发的实际项目，举例说明所采用的企业集成技术的具体实现方式及过程，并详细分析其实现效果。

试题三 论数据流图在系统分析与设计中的应用

数据流图（Data Flow Diagram，DFD）是进行系统分析和设计的重要工具，是表达系统内部数据的流动并通过数据流描述系统功能的一种方法。DFD 从数据传递和加工的角度，利用图形符号通过逐层细分描述系统内各个部件的功能和数据在它们之间传递的情况，来说明系统所完成的功能。在系统分析中，逻辑 DFD 作为需求规格说明书的组成部分，用于建模系统的逻辑业务需求；在系统设计中，物理 DFD 作为系统构造和实现的技术性蓝图，用于建模系统实现的技术设计决策和人为设计决策。

请围绕"数据流图在系统分析与设计中的应用"论题，依次从以下三个方面进行论述。

1．简要叙述你参与的软件开发项目以及你所承担的主要工作。

2．列举出 DFD 中的几种要素及含义，简要说明在系统分析与设计阶段逻辑 DFD 和物理 DFD 中这些要素之间有何区别。

3．根据所参与的项目，具体阐述你是如何通过绘制数据流图来进行系统分析与设计的。

试题四　论软件的系统测试及其应用

软件系统测试的对象是完整的、集成后的计算机系统，其目的是在真实系统工作环境下，验证完整的软件配置项能否和系统正确连接，并满足系统设计文档和软件开发合同规定的要求。常见的系统测试包括功能测试、性能测试、压力测试、安全测试等。同时，在系统测试中，涉及众多的软件模块和相关干系人，测试的组织和管理是系统测试成功的重要保证。

请围绕"软件的系统测试及其应用"论题，依次从以下三个方面进行论述。

1．简要叙述你参与管理和开发的软件项目和你在其中所承担的主要工作。

2．概要论述系统测试过程中测试管理的主要活动内容，论述性能测试的目的和基本类型。

3．结合你具体参与管理和开发的实际项目，说明如何管理性能测试的各项活动，以及性能测试具体采用的方法、工具、实施过程和应用效果。

2018 年

试题一　论信息系统开发方法论

信息系统的开发一般分为系统规划、需求定义、系统设计、实施和维护等五个主要阶段，每一个阶段都应该在科学方法论的指导下开展工作。随着信息系统规模的变化和传统开发方法论的演变，信息系统开发过程经历了"自底向上"和"自顶向下"两种方式。

请围绕"信息系统开发方法论"论题，依次从以下三个方面进行论述。

1．概要叙述你参与分析和开发的信息系统以及你所担任的主要任务和开展的主要工作。

2．分别说明信息系统"自底向上"和"自顶向下"两种系统分析设计方式。详细阐述系统遵循"自底向上"方式和"自顶向下"方式设计开发的优缺点。

3．详细说明你所参与的信息系统是如何遵循"自底向上""自顶向下"或综合"自底向上"和"自顶向下"两种方式进行分析、设计和开发的。

试题二　论软件构件管理及其应用

软件构件是软件复用的重要组成部分，为了达到软件复用的目的，构件应当是高内聚的，并具有稳定的对外接口。同时为了使构件更切合实际、更有效地被复用，构件应当具备较强的适应能力，以提高其通用性。而存在大量的、可复用的构件是有效使用复用技术的前提。对大量构件进行有效管理，以方便构件的存储、检索和提取，是成功复用构件的必要保证。

请围绕"软件构件管理及其应用"论题，依次从以下三个方面进行论述。

1．简要叙述你参与管理和开发的软件项目以及你在其中所承担的主要工作。
2．详细说明构件管理中常见的构件获取方法，以及构件组织分类的常见方法。
3．结合你具体参与管理和开发的实际项目，说明在项目中如何获取和组织构件，以及如何进行构件组装。

试题三　论软件系统需求获取技术及应用

需求获取（Requirement Discovery，RD）是一个确定和理解不同类用户的需要和约束的过程。需求获取是否科学、充分对所获取的结果影响很大，直接决定了系统开发的目标和质量。由于大部分用户无法完整地描述需求，也不可能看到系统的全貌，所以在需求获取中，系统分析师需要与用户进行有效沟通和合作才能成功。系统分析师根据要获取的信息内容和信息来源采用不同的需求获取技术，并且熟练地在实践中运用它，进而获得用于描述系统活动的特定软件需求，构建系统开发目标和质量要求。

请围绕"软件系统需求获取技术及应用"论题，依次从以下三个方面进行论述。

1．简要叙述你参与的软件开发项目以及你所承担的主要工作。
2．详细说明目前主要有哪些需求获取技术，不同需求获取技术各自有哪些特点。
3．根据你所参与的项目。具体阐述如何根据需求内容采用不同的需求获取技术获取系统需求。

试题四　论数据挖掘方法及应用

随着信息技术和数据库技术的普遍应用。人类获取数据的能力不断增强，数据库的数量和规模在迅速增加。数据挖掘又称数据库中的知识发现（Knowledge Discover in Database，KDD），是识别数据库中以前不知道的、新颖的、潜在有用的和最终可被理解的模式的非平凡过程。数据挖掘是数据库知识发现过程的一个步骤，其目标就是要智能化和自动化地把数据转换为有用的信息和知识。

请围绕"数据挖掘方法及应用"论题，依次从以下三个方面进行论述。

1．概要叙述你参与分析和开发的软件系统以及你所承担的主要任务和开展的主要工作。
2．详细阐述三种常用的数据挖掘方法。
3．详细说明你所参与分析和开发的软件系统是如何基于常用的数据挖掘方法进行数据挖掘的。

2019 年

试题一　论系统需求分析方法

系统需求分析是开发人员经过调研和分析，准确理解用户和项目的功能、性能、可靠性等要求，将用户非形式的诉求表述转化为完整的需求定义，从而确定系统必须做什么的过程。系统需求分析具体可分为功能性需求、非功能性需求与设计约束等三个方面。

请围绕"系统需求分析方法"论题，依次从以下三个方面进行论述。
1．概要叙述你参与管理和开发的软件项目以及你在其中所承担的主要工作。
2．详细论述系统需求分析的主要方法。
3．结合你具体参与管理和开发的实际软件项目，说明是如何使用系统需求分析方法进行系统需求分析的，说明具体实施过程以及应用效果。

试题二　论系统自动化测试及其应用

软件系统测试是在将软件交付给客户之前所必须完成的重要步骤之一，目前，软件测试仍是发现软件缺陷的主要手段。软件系统测试的对象是完整的、集成的计算机系统，系统测试的目的是验证完整的软件配置项能否和系统正确连接，并满足系统设计文档和软件开发合同规定的要求。系统测试工作任务难度高、工作量大，存在大量的重复性工作，因此自动化测试日益成为当前软件系统测试的主要手段。

请围绕"系统自动化测试及其应用"论题，依次从以下三个方面进行论述。
1．概要叙述你参与管理和开发的软件项目以及你在其中所承担的主要工作。
2．详细论述系统自动化测试的主要工作内容及优缺点。
3．结合你具体参与管理和开发的实际项目，说明是如何进行系统自动化测试的，说明具体实施过程以及应用效果。

试题三　论处理流程设计方法及应用

处理流程设计（Process Flow Design，PFD）是软件系统设计的重要组成部分，它的主要目的是设计出软件系统所有模块以及它们之间的相互关系，并具体设计出每个模块内部的功能和处理过程，包括局部数据组织和控制流，以及每个具体加工过程和实施细节，为实现人员提供详细的技术资料。每个软件系统都包含了一系列核心处理流程，对这些处理流程的理解和设计将直接影响软件系统的功能和性能。因此，设计人员需要认真掌握处理流程的设计方法。

请围绕"处理流程设计方法及应用"论题，依次从以下三个方面进行论述。
1．简要叙述你参与的软件开发项目以及你所承担的主要工作。
2．详细说明目前主要有哪几类处理流程设计工具，每个类别至少详细说明一种流程设计工具。
3．根据你所参与的项目，说明是具体采用哪些流程设计工具进行流程设计的，实施效果如何。

试题四　论企业智能运维技术与方法

智能运维（Artificial Intelligence for IT Operations，AIOps）是将人工智能应用于运维领域，基于已有的运维数据（日志数据、监控数据、应用信息等），采用机器学习方法来进一步解决自动化运维难以解决的问题。具体来说，智能运维在自动化运维的基础上，增加了一个基于机器学习的智能决策模块，控制监测系统采集运维决策所需的数据，做出智能分析与决策，并通过自动化脚本等手段去执行决策，以达到运维系统的整体目标。智能运维能够提高企业信息系统的预判能力和稳定性，降低 IT 成本，提升企业产品的竞争力。

请围绕"企业智能运维技术与方法"论题，依次从以下三个方面进行论述。

1. 概要叙述你参与管理与实施的软件运维项目以及你在其中所承担的主要工作。
2. 智能运维主要从效率提高、质量保障和成本管理等三个方面提升运维水平，其成熟程度可以分为尝试应用、单点应用、串联应用、能力完备和能力成熟等五个级别，请任意选择三个成熟度级别，说明其在效率提升、质量保障和成本管理等方面的特征。
3. 结合你具体参与管理与实施的实际软件系统运维项目，举例说明如何采用智能运维技术和方法提高运维效率、保障运维质量并降低运维成本，实施效果如何。在智能运维过程中都遇到了哪些具体问题，是如何解决的。

2020 年

试题一　论面向服务的信息系统开发方法及其应用

信息系统是一个极为复杂的人机交互系统，它不仅包含计算机技术、通信技术和网络技术，以及其他的工程技术，而且，它还是一个复杂的管理系统，需要管理理论和方法的支持。如何选择一个合适的开发方法，以保证在多变的市场环境下，在既定的预算和时间要求范围内，开发出让用户满意的信息系统，这是系统分析师所必须面临的问题。目前，有多种方法来解决该问题，其中面向服务（Service Oriented，SO）的开发方法就是一种常见的信息系统开发方法，其将接口的定义与实现进行解耦，并将跨构件的功能调用暴露出来。

请围绕"面向服务的信息系统开发方法及其应用"论题，依次从以下三个方面进行论述。

1. 概要叙述你参与管理和开发的软件项目以及你在其中所承担的主要工作。
2. 请简要描述面向服务的开发方法的三个主要抽象级别。
3. 请围绕基于面向服务的开发方法的三个主要抽象级别，具体阐述你参与管理和开发的项目是如何进行系统开发的。

试题二　论快速应用开发方法及其应用

快速应用开发（Rapid Application Development，RAD）是一种比传统生命周期法快得多的信息系统开发方法，它强调极短的开发周期。RAD 模型是瀑布模型的一个变种，通过使用基于构件的开发方法进行快速开发。如果需求理解得很好，且约束了项目范围，利用这种模型可以很快开发出功能完善的信息系统。RAD 强调复用已有的程序结构或使用构件，或者创建可复用的构件。一般来说，如果一个业务能够被模块化，且其中每一个主要功能均可以在不到三个月的时间内完成，它就适合采用 RAD 方法。每个主要功能可由一个单独的 RAD 组来实现，最后再集成起来，形成一个整体。

请围绕"快速应用开发方法及其应用"论题，依次从以下三个方面进行论述。

1．概要叙述你参与管理和开发的软件项目以及你在其中所承担的主要工作。

2．RAD 方法的流程从业务建模开始，随后是数据建模、过程建模、应用生成、测试与交付。请简要对上述 5 个步骤的主要工作和特点进行论述。

3．具体阐述你参与管理和开发的项目是如何采用 RAD 方法进行开发的，并围绕上述 5 个步骤，详细论述在项目开发过程中遇到了哪些实际问题，是如何解决的。

试题三　论软件设计模式及其应用

设计模式（Design Pattern，DP）是一套被反复使用的代码设计经验总结，代表了软件开发人员在软件开发过程中面临的一般问题的解决方案和最佳实践。使用设计模式的目的是提高代码的可重用性，让代码更容易被他人理解，并保证代码可靠性。现有的设计模式已经在前人的系统中得以证实并广泛使用，它使代码编写真正实现工程化，将已证实的技术表述成设计模式，也会使新系统开发者更加容易理解其设计思路。根据目的和用途不同，设计模式可分为创建型（Creational）模式、结构型（Structural）模式和行为型（Behavioral）模式三种。

请围绕"软件设计模式及其应用"论题，依次从以下三个方面进行论述：

1．简要叙述你参与的软件开发项目以及你所承担的主要工作。

2．详细说明每种设计模式的特点及其所包含的具体设计模式，每个类别至少详细说明两种代表性设计模式。

3．根据你所参与的项目，论述具体采用了哪些设计模式，其实施效果如何。

试题四　论遗留系统演化策略及其应用

遗留系统是指任何基本上不能进行修改和演化以满足新的变化了的业务需求的信息系统。在企业信息系统升级改造过程中，如何处理和利用遗留系统，成为新系统建设中的重要问题，而处理恰当与否，直接关系到新系统的成败和开发效率。遗留系统的演化方式有多种，究竟采用哪些策略来处理遗留系统，需要根据对遗留系统的评价结果来确定。

请围绕"遗留系统演化策略及其应用"论题，依次从以下三个方面进行论述。

1．概要叙述你参与管理和开发的软件项目，以及你在其中所承担的主要工作。

2．详细论述遗留系统评价的主要活动，论述常见的演化策略。

3．结合你具体参与管理和开发的实际项目，说明如何进行遗留系统评价并选择合适的演化策略，请说明具体实施过程以及应用效果。

2021 年

试题一 论面向对象的信息系统分析方法

信息系统分析是信息系统生命周期的重要阶段之一，是使用系统的观点和方法，把复杂系统分解为简单组成部分并确定这些组成部分的基本属性和关系的过程。在此过程中可使用多种分析方法，以及相应的辅助工具。其中，面向对象分析方法（Object-Oriented Analysis Method，OOAM）是在系统开发过程中进行了系统业务调查后，按照面向对象的思想来分析问题的方法。

请围绕"面向对象的信息系统分析方法"论题，依次从以下三个方面进行论述。

1．概要叙述你参与管理和开发的软件项目以及你在其中所承担的主要工作。
2．请简要描述面向对象系统分析方法的主要步骤。
3．具体阐述你参与管理和开发的项目是如何基于面向对象分析方法进行信息系统分析的。

试题二 论静态测试方法及其应用

软件测试是在将软件交付给客户之前所必须完成的重要步骤之一。目前，软件的正确性证明技术尚不成熟，软件测试仍是发现软件错误的主要手段。软件测试方法可分为静态测试和动态测试，其中静态测试是指被测程序不在机器上运行，而通过人工检测和计算机辅助的手段对程序进行测试，该方法能够有效地发现软件 30%～70%的设计和编码错误。

请围绕"静态测试方法及其应用"论题，依次从以下三个方面进行论述。

1．概要叙述你参与管理和开发的软件项目，以及你在其中所承担的主要工作。
2．详细论述静态测试主要方法的内容和过程。
3．结合你具体参与管理和开发的实际项目，说明如何进行静态测试，并说明如何选择合适的静态测试方法及具体的实施过程和效果。

试题三 论富互联网应用的客户端开发技术

富互联网应用（Rich Internet Application，RIA）是一种新型 Web 应用程序架构。它结合了桌面软件良好的用户体验和 Web 应用程序易部署的优点，利用丰富的数据模型和丰富的客户端呈现形式，保证了在无刷新页面之下提供更高效的界面响应速度和通用的用户界面特征，迅速响应用户输入并进行相应处理，从而为用户构建一个快速响应、交互性强的应用程序。近年来，各技术厂商相继推出了多种新的技术来支持 RIA 应用开发。

请围绕"富互联网应用的客户端开发技术"论题，依次从以下三个方面进行论述。

1．简要叙述你参与的软件开发项目以及你所承担的主要工作。
2．说明目前有哪些主要的 RIA 客户端开发技术，详细阐述每种技术的特点和优势。
3．根据你所参与的项目，具体采用了哪种 RIA 客户端开发技术，其实施效果如何。

试题四　论 DevSecOps 技术及其应用

随着互联网技术的不断发展，网络安全面临着更大的挑战，IT 安全防护显得越来越重要。采用 DevOps 技术能够有效推进软件开发的效率，提高迭代速度。但是，在传统的 DevOps 技术实施过程中，安全防护在开发的最后阶段才介入，延后的安全措施可能会拖累整个流程，严重影响 DevOps 的实施速度和效果。在这一背景下，业界普遍认为安全防护是整个 IT 团队的共同责任，需要贯穿至整个生命周期的每一个环节，由此催生出了"DevSecOps"这一概念，它强调在项目计划启动初期，必须为 DevOps 计划打下扎实的安全基础。

请围绕"DevSecOps 技术及其应用"论题，依次从以下三个方面进行论述。

1．概要叙述你参与管理和开发的软件项目以及你在其中所承担的主要工作。
2．详细描述 DevSecOps 包含的主要阶段和每个阶段需要完成的工作。
3．结合你具体参与管理和开发的实际软件项目，说明是如何应用 DevSecOps 技术进行开发、运维、安全一体化管理的，给出具体实施过程以及应用效果。

2022 年

试题一　论原型法及其在信息系统开发中的应用

作为一种信息系统开发方法，原型法（Prototyping）被普遍使用，原型法是指在获取一组基本的需求定义后，利用可视化的开发工具，快速建立一个目标系统的初始版本，并交由用户试用，根据用户反馈进行补充和修改，再形成新的版本。反复进行这个过程，直到得出系统的"精确解"，即用户满意为止。

请围绕"原型法及其在信息系统开发中的应用"论题，依次从以下三个方面进行论述。

1．概要叙述你参与管理和开发的软件项目以及你在其中所承担的主要工作。
2．请简要描述原型法的开发过程。
3．具体阐述你参与管理和开发的项目是如何基于原型法进行信息系统开发的。

试题二　论面向对象设计方法及其应用

系统设计是根据系统分析的结果，运用系统科学的思想和方法，设计出能满足用户所要求的目标（或目的）系统的过程。面向对象设计方法是一种接近现实世界的系统设计方法。在该方法中，数据结构和在数据结构上定义的操作算法封装在一个对象之中。

请围绕"面向对象设计方法及其应用"论题，依次从以下三个方面进行论述。

1．概要叙述你参与管理和开发的软件项目以及你在其中所承担的主要工作。
2．面向对象设计方法包含多种设计原则，请简要描述其中的三种设计原则。
3．具体阐述你参与管理和开发的项目是如何遵循这三种设计原则进行信息系统设计的。

2023 年

试题一 论信息系统可行性分析

信息系统可行性分析的目的是确认在当前条件下企业是否有必要建设新系统,以及建设新系统的工作是否具备必要的条件。如何进行可行性分析是系统分析师所必须面临的问题。

请围绕"信息系统可行性分析"论题,依次从以下三个方面进行论述。

1. 概要叙述你参与管理和开发的软件项目,以及你在其中承担的主要工作。
2. 请简要描述应从哪些方面完成信息系统的可行性分析。
3. 具体阐述你参与管理和开发的项目是如何从不同的方面进行系统可行性分析的。

试题二 论 DevOps 及其应用

DevOps 是一组过程、方法与系统的统称,用于促进开发、技术运营和质量保障部门之间的沟通、协作与整合。它是一种重视软件开发人员和工厂运维技术人员之间沟通合作的模式。透过自动化"软件交付"和"架构变更"的流程,使得构建、测试、发布软件能够更加快捷、频繁和可靠。

请围绕"DevOps 及其应用"论题,依次从以下三个方面进行论述。

1. 概要叙述你参与管理和开发的软件项目,以及你在其中承担的主要工作。
2. 结合你具体参与管理和开发的实际项目,详细叙述是哪些因素促使你决定引入 DevOps。
3. 结合你具体参与管理和开发的实际项目,说明在引入 DevOps 后,对应用程序发布有哪些影响。

试题三 论敏捷开发方法

敏捷软件开发遵循一套软件开发的价值和原则。在敏捷开发中,需求和解决方案通过自组织、跨功能的团队达成。敏捷软件开发主张适度计划,迭代开发,提前交付与持续改进,以及快速灵活地应对变更。Scrum 方法作为敏捷开发方法之一被广泛应用。

请围绕"敏捷开发方法"论题从以下三个方面进行论述。

1. 概要叙述你参与管理和开发的软件项目,以及你在其中承担的主要工作。
2. 请简要描述 Scrum 开发方法中的角色、工件和活动。
3. 具体阐述你参与管理和开发的项目是如何基于 Scrum 敏捷开发方法进行系统开发的。

试题四 论信息系统数据转换和迁移

当新系统开发完毕准备取代现有系统时,就要面临新旧系统转化,系统转化是指运用某种方式由现有系统的工作方式向新系统工作方式的转化过程,也是系统设备、数据、人员等的转化过程。数据转化和迁移是新旧系统转化交接的重要工作之一,其基本原则就是数据不丢失。为使数据能平滑迁移到新系统，在新系统设计阶段就需尽量保留现有系统中合格的数据结构。这样才能尽可能降低数据迁移的工作量和转换难度。数据迁移的质量是新系统上线的前提，也是新系统转换运行的保障，对系统切换至新系统的运行有着重要作用。

请围绕"信息系统数据转换和迁移"论题，依次从以下三个方面进行论述。

1．概要叙述你参与转化和交接的信息系统以及所承担的主要任务和主要工作。

2．信息系统的数据转换与迁移过程可大致分为数据抽取、数据转换和数据迁移后的校验这三项活动，请对这三项活动的内涵和要点进行阐述。

3．详细说明你所参与转换和交接的信息系统是如何进行数据转换和迁移工作的，在这一过程中遇到了哪些实际问题，是如何解决的。

2024 年 5 月

试题一　论云原生应用开发

云原生方法可让程序员构建基于云的应用程序，程序员可以在应用程序中选择要使用的组件。组件可作为服务（例如库存服务、订购服务和付款服务等），形成系统的独立部分。云原生应用开发是一种利用云计算基础设施和容器化技术来构建、部署和管理应用程序的方法。云原生应用本质上是模块化的。云原生应用开发强调在云环境中敏捷、可伸缩和高可用的构建应用。与传统的应用开发流程相比较，云原生应用开发流程强调微服务架构、自动化部署和自恢复能力。

请围绕"云原生应用开发"论题从以下三个方面进行论述。

1．概要叙述你参与的云原生应用开发项目，以及你在其中承担的主要工作。

2．简要分析云原生应用开发和传统应用开发的区别。

3．具体阐述你参与管理和开发的项目是如何设计和实现云原生应用系统的。

试题二　论信息系统性能测试方法及其应用

性能测试是通过自动化的测试工具模拟多种正常、峰值以及异常负载条件来对系统的各项性能指标进行测试。性能测试目标就是验证软件系统是否能够达到性能指标，同时发现性能瓶颈，最后起到优化系统的目的。性能测试的主要指标包含响应时间、吞吐量、并发用户数、资源利用率等。

负载测试和压力测试都属于性能测试，两者可以结合进行。通过负载测试，确定在各种工作负载下系统的性能，目标是测试当负载逐渐增加时，系统各项性能指标的变化情况。压力测试是通过确定一个系统的瓶颈或者不能接受的性能点，来获得系统能提供的最大服务级别的测试。

请围绕"信息系统性能测试方法及其应用"论题从以下三个方面进行论述。

1．概要叙述你参与的信息系统开发项目，以及你在其中承担的主要工作。

2．结合你参与管理和开发的实际项目，论述执行性能测试的目的和具体内容。

3．结合你参与管理和开发的实际项目，说明你是如何进行性能测试分析，从而找出性能瓶颈的。

试题三　论多源数据集成方法及其应用

在网络时代背景下，企业运营数据具有来源的多样性、高维、海量、更新不及时、类别不平衡以及多标记等多种特殊性质。为了整合各类数据到统一的数据存储系统中，便于数据查询与分析，就需要进行数据集成（Data Integration）工作。数据集成是把不同来源、格式、特点性质的数据在逻辑上或物理上有机地集中，从而为企业提供全面的数据共享。数据集成通过整合不同数据源的数据，可以消除数据冗余和不一致性，从而提高数据的质量和可靠性。统一的数据视图可以提供更全面和准确的信息，帮助企业和组织做出正确的决策。

请围绕"论多源数据集成方法及其应用"论题从以下三个方面进行论述。

1．概要叙述你参与的软件项目，以及你在其中承担的主要工作。
2．简要描述 3 种多源数据集成核心技术。
3．具体阐述你参与管理和开发的软件项目是如何应用多源数据集成方法进行设计与实现的。

试题四　基于架构的软件设计方法

基于架构的软件开发（Architecture-Based Software Development，ABSD）是一种软件工程方法，它强调在软件开发的早期阶段就对系统的整体结构进行规划和设计。这种方法的核心思想是将软件系统看作是由多个相互作用的组件构成的复杂系统，而这些组件之间的交互和协作是通过预先定义的架构来指导和约束的。ABSD 方法是一个自顶向下，递归细化的方法。使用 ABSD 方法，可以在需求抽取和分析未完成前，开展并行的软件设计。

请围绕"基于架构的软件设计方法"论题从以下三个方面进行论述。

1．概要叙述你参与的软件项目，以及你在其中承担的主要工作。
2．简要描述基于 ABSD 进行软件设计的 6 个主要阶段，以及各个阶段的主要活动。
3．具体阐述你参与管理和开发的项目是如何基于 ABSD 进行软件系统设计的。

2024 年 11 月

试题一　论 DevOps 在企业信息系统开发中的应用

DevOps 是一组过程、方法与系统的统称，用于促进开发、技术运营和质量保障部门之间的沟通、协作与整合。DevOps 是一种重视"软件开发人员"和"IT 运维技术人员"之间沟通合作的文化、运动或惯例。透过自动化"软件交付"和"架构变更"的流程，使得构建、测试、发布软件能够更加地快捷、频繁和可靠。

请围绕"DevOps 在企业信息系统开发中的应用"论题从以下三个方面进行论述。

1．概要叙述你参与的软件项目，以及你在其中承担的主要工作。

2．详细描述 DevSecOps 包含的主要工作。

3．结合你参与的软件项目，详细说明你在系统开发过程中如何应用 Devops，已经得到的实际效果。

试题二　论系统业务流程分析方法及应用

业务流程分析是对业务功能分析的进一步细化，从而得到业务流程图的方法。业务流程分析是帮助管理与分析人员确定流程工作与合作建模的基本要素，更好地分析理解其同其他要素的关系，例如业务目标、业务策略、面对的问题、产生的影响、企业架构。业务流程分析的目的是形成合理、科学的业务流程。通过分析现有业务流程的基础上进行业务流程重组（BPR），产生新的更为合理的业务流程。

请围绕"系统业务流程分析方法及应用"论题从以下三个方面进行论述。

1．概要叙述你参与的软件项目，以及你在其中承担的主要工作。

2．详细论述业务流程的分析方法及其作用。

3．结合你参与的软件项目，详细说明你在系统开发过程中应用的业务流程分析方法、具体应用过程及效果。

试题三　论软件测试方法及应用

软件测试是使用人工或自动的手段来运行或测定某个软件系统的过程,其目的在于检验它是否满足规定的需求或弄清预期结果与实际结果之间的差别。软件测试按测试方法分类，可以分为静态测试、动态测试两种。

请围绕"软件测试方法及应用"论题从以下三个方面进行论述。

1．概要叙述你参与的软件项目，以及你在其中承担的主要工作。

2．简要介绍三种静态测试方法（代码审查、静态结构分析、代码质量度量）的概念及特点。

3．结合你参与的软件项目，详细说明你所采用的软件测试技术以及所遇到的问题和对应的解决方案。

试题四　论信息系统运维管理

信息系统运维管理是对信息系统的运行环境、业务系统、数据资源、安全保障等进行综合管理，确保信息系统能够持续、稳定、高效、安全地运行，以支撑组织业务目标实现的一系列活动。

请围绕"论信息系统运维管理"论题从以下三个方面进行论述。

1．概要叙述你参与的软件项目，以及你在其中承担的主要工作。

2．详细论述信息系统运维管理所包含的流程。

3．结合你参与的软件项目，说明项目活动中系统运维的具体实施过程，所遇到的问题及对应的解决方案。

参 考 文 献

[1] 雷红艳，施游，朱小平．软考论文高分特训与范文 10 篇：网络规划设计师[M]．北京：中国水利水电出版社，2022．
[2] 全国计算机专业技术资格考试办公室．系统分析师考试大纲（2024 版）[M]．北京：清华大学出版社，2024．